建设工程施工监理实践

王登科　张建设　著

黄河水利出版社
·郑州·

内 容 提 要

全书主要内容包括建设工程监理概述、建设工程监理组织、监理工作各个阶段的主要工作内容、建设工程项目投资控制、建设工程项目进度控制、建设工程项目质量控制、建设工程项目合同管理、建设工程项目信息管理、安全生产监督管理、文明施工监督管理、环境保护与水土保持监督管理、监理管理制度和监理常用表格等共十三章。

本书可以作为工程建设监理工作参考用书,也可以作为高等院校师生教学学习用书。

图书在版编目(CIP)数据

建设工程施工监理实践/王登科,张建设著.—郑州:黄河水利出版社,2012.10

ISBN 978-7-5509-0369-2

Ⅰ.①建… Ⅱ.①王… ②张… Ⅲ.①建筑工程-施工监理 Ⅳ.①TU712

中国版本图书馆 CIP 数据核字(2012)第 246765 号

组稿编辑:王志宽 电话:0371-66024331 E-mail:wangzhikuan83@126.com

出 版 社:黄河水利出版社

地址:河南省郑州市顺河路黄委会综合楼 14 层 邮政编码:450003

发行单位:黄河水利出版社

发行部电话:0371-66026940、66020550、66028024、66022620(传真)

E-mail:hhslcbs@126.com

承印单位:黄河水利委员会印刷厂

开本:787 mm×1 092 mm 1/16

印张:12

字数:280 千字 印数:1—1 000

版次:2012 年 10 月第 1 版 印次:2012 年 10 月第 1 次印刷

定价:28.00 元

前　言

我国从 1998 年开始在建设工程领域推行工程建设监理制度，目前工程监理资质的从业范围主要限于项目的实施阶段。本书从工程施工监理实践出发，在建设施工监理理论的基础上，对工程的监理工作方法进行了详细的阐述。

建设工程监理的主要内容包括：协调建设单位进行项目可行性研究与投资决策，优选设计方案、设计单位和施工单位，审查设计文件，控制工程质量、造价和工期，监督管理建设工程合同的履行，以及协调建设单位与建设工程各方的工作关系等。

本书作者参加了多项大中型工程建设的监理实践并从事多年项目管理研究和教学工作，具有较强的工程合同管理理念，对监理工作的重要性、监理人员的职业道德与职责等有较深的认识和体会。本书结合我国当前的建设工程监理现状和实际，从监理工作可操作性出发，总结了作者在工程建设监理工作中积累的经验和体会。建设监理是一门实践性很强的课程，本书力求从建设监理实际出发，浓缩施工监理阶段的全过程，对新进入建设监理岗位的读者来说，是一本上岗前培训的好教材；对从事工程建设监理工作的读者来说，具有一定的帮助和借鉴作用。

全书主要内容包括建设工程监理概述、建设工程监理组织、监理工作各个阶段的主要工作内容、建设工程项目投资控制、建设工程项目进度控制、建设工程项目质量控制、建设工程项目合同管理、建设工程项目信息管理、安全生产监督管理、文明施工监督管理、环境保护与水土保持监督管理、监理管理制度、监理常用表格等共十三章。

全书由小浪底水利水电工程有限公司王登科高级工程师和河南理工大学张建设博士编写，灵宝市环境保护局王金芳工程师对全书第十一章和第十三章进行了整编，河南理工大学在读硕士研究生郭欢欢对本书进行了校对。在编写过程中，作者参考了大量工程项目的建设监理规划、总结报告，引用了建设工程相关法规和资料，不再一一标注。一些从事工程建设项目监理工作的同仁对本书的编写也提出了宝贵意见，在此表示衷心感谢。

由于作者水平有限，疏漏之处在所难免，恳请广大读者批评指正。

作　者

2012 年 6 月

目　录

第一章　建设工程监理概述

第一节　质量管理体系、服务宗旨和质量方针

质量管理体系是一个工程质量能否得到有效控制的关键，只有建立了完善的质量管理体系，才能使质量控制工作制度化、规范化、程序化地运作，工程质量得到有效监督和控制，也才有可能最终得到优质工程。

监理工程师应从工程质量保证各方面做好工作，使工程质量保证体系有效运行，确保工程质量达到优良。为此，应结合工程实际，建立健全工程项目质量控制体系，主要包括：监理工程师的质量控制体系，监理工程师批准的项目承包人的质量保证体系，积极配合政府质量监督机构的质量监督体系的监督和检查，认真落实发包人关于工程质量方面的要求。

监理机构的质量控制体系、承包人的质量保证体系和政府质量监督部门的质量监督体系共同构成多层次质量保证和监督体系，最终落实在工程项目施工质量的层层监督检查体系上。

一、监理单位的质量管理体系

监理单位应按照ISO9001质量管理体系要求编写质量管理体系文件，即一级文件《质量手册》、二级文件《控制程序》和三级文件《作业细则》。这些文件成为监理单位实施管理的标准文件，规范监理单位的质量管理行为，使其不断提高管理水平。在从事监理工作和咨询业务的过程中，按ISO9001质量管理体系运行，制定各种规章制度和工作程序，规范监理和咨询工作，持续稳定地为发包人提供合格的监理和咨询服务。

为保证现场监理机构质量控制体系的及时建立和有效运行，监理单位将对现场监理组织机构提供相关保证和要求，以满足监理工作需要和委托人的要求。

(一)组织保证

监理单位在组建项目监理机构的时候应充分考虑质量控制体系的要求，保证建立组织合理、人员保障、运作高效的组织机构。

项目总监理工程师是监理机构质量体系的总负责人，他在质量体系中的职责是确保监理机构工作严格按照质量体系的要求，有效控制监理工作的服务质量，满足监理合同文件的各项质量控制要求。同时，要根据监理机构质量体系的运行情况，不断提出纠正和预防措施，对质量体系进行持续改进，不断提高质量管理水平和质量控制能力。

为此，监理机构应充分授权给总监理工程师，发挥其在质量控制中的核心地位和作用。在总监理工程师领导下的各部门以及各专业工作小组，以总监理工程师为中心，严格按照监理机构质量保证体系的各项规定和制度，规范地进行监理工作，做到工作井然有

序，有条不紊。

（二）技术供应

监理单位应根据工作需要为监理机构建立完善的质量控制体系和运行机制，必要时提供相应的技术支持。选派富有经验、具有责任心的各专业监理工程师和监理员，供应相应的测量、试验、检测仪器和设备。建立专家顾问系统，为监理机构提供强有力的技术保证。

（三）制度建设

现场监理机构严格按照监理单位的质量体系文件和项目监理机构管理制度的要求进行工作，并根据监理单位质量体系文件和管理制度的精神，结合项目的工作内容、工作性质和特点，补充完善相应的制度，编制项目的《管理制度手册》。监理单位对监理机构的制度手册和实施情况进行审查、监督和检查，以保证制度建设的规范性、系统性和操作性。

（四）程序建立

监理机构在进行质量控制的过程中，除要遵循国家和行业所颁布的有关质量法规、标准和程序外，还要按照监理单位质量管理体系二级程序文件要求，编制三级文件及监理实施细则，建立、制定操作程序。监理机构各工作人员严格按工作程序进行监理工作，做到工作程序化、作业标准化。监理单位对程序的建立提供技术支持，并在实施中进行监督检查。

二、监理机构的质量控制体系

现场监理机构是监理单位对外派驻机构，对外代表监理单位对项目质量进行有效控制。根据监理单位要求，现场监理机构建立以后，必须严格按照监理单位的质量管理体系文件要求的有关内容，建立其质量控制体系，编写相关的质量控制文件。质量控制文件包括监理规划及实施细则、各种规章制度等，做到质量管理有据可依、有章可循，确保质量管理始终处于受控状态。

质量控制体系按程序有效运行，不仅是满足监理机构组织管理的需要，更是保证工程质量的需要。同时也能够向发包人提供足够的信任，使双方在互信的基础上，互相协作，互相支持，顺利开展各项工作。

监理机构进行质量控制的工作内容有：审查承包人的质量保证体系、质量保证措施和质量管理机构，核查质量文件；审批承包人的技术措施；对材料入库和施工设备进场进行检查验收；依据工程建设合同文件、设计文件、技术标准，对施工的全过程进行检查，对重要部位和主要工序进行跟踪监督；参与工程质量事故的处理，审查监督事故处理方案的执行；在规定的工程质量保修期间，检查工程质量状况，鉴定质量问题责任，监督责任单位的质量缺陷处理等。

（一）建立有效的监理机构质量控制体系

质量控制体系包括质量管理机构、人员设备配备、质量管理制度、质量控制程序及相关的质量管理表格。

（二）建立完善的质量控制制度

质量控制制度主要包括：

(1)图纸审查(会审)制度。

(2)设计交底制度。

(3)原材料、半成品、设备进场报验制度。

(4)开工申报、签发开工许可证制度。

(5)施工组织设计、施工措施计划审批制度。

(6)混凝土拌和开盘检查批准制度。

(7)工序完工验收制度。

(8)隐蔽工程覆盖前检查验收制度。

(9)工程中间验收制度。

(10)设计变更处理制度。

(11)质量事故处理制度等。

(三)审查监督承包人建立可靠的质量保证体系

承包人的质量保证体系是整个施工质量控制的基础,只有承包人建立了完善的质量保证体系,质量管理工作才能有效运行,工程质量才能得到根本保证。

承包人在开工前应提交工程项目的质量保证体系供监理工程师审查。监理工程师审查的主要内容包括:承包人的质量管理机构是否健全;所配备各岗位人员是否具备资格;岗位责任制是否完善;质量管理制度是否健全;是否和监理工程师制定的质量控制制度紧密衔接;实验室和测量队的规模,所配备的设备仪器是否满足要求。若不能满足要求,则指令其修改后重新报审,直到承包人建立起完善的质量保证体系,承包人的质量保证体系将作为批准开工的必要条件。

经过审查批准的质量保证体系将成为监理机构检查承包人质量行为和控制工程质量的重要依据。监理工程师将严格按照批准的承包人质量保证体系进行监督检查,不但要保证建立完善的质量保证体系,更要保证体系的可靠运作,从而使工程质量得到有效控制。

三、服务宗旨和质量方针

工程监理机构将按照监理单位"诚信守法、管理规范、持续改进、顾客满意"的质量方针和"严格履行合同,提供优质服务;完善管理体系,赢得顾客好评"的质量目标,在合同实施期间,严格遵循监理工程师"守法、诚信、公正、科学"的职业准则和行为规范;依据有关法律、法规、规程、规范,监理合同和施工承包合同的规定,按照"公正、独立、自主"的原则开展监理工作;充分发挥在规范和科学管理方面的优势和经验,以及全体监理人员的高度责任心、良好的职业道德、过硬的业务技术能力;通过科学、认真、勤奋、高效的工作,以严格科学的管理和积极热情的服务,严格控制工程质量,合理控制工程进度,公平、公正地处理合同问题,严格有效地控制投资,及时合理地处理索赔;使发包人在合理的工期和投资范围内,得到满意的工程产品。

第二节　监理工作指导思想、工作依据及工作目标

一、监理工作指导思想

监理工程师始终遵循“守法、诚信、公正、科学”的执业准则，在履行监理合同的过程中，认真贯彻“监督、管理、公正、协调、服务、廉洁”的工作方针。按照“公正、独立、自主”的监理原则，竭诚为发包人服务，公平地维护承包人的合法权益。严格按监理程序和实施细则开展工程建设监理工作，确保工程建设总目标——质量目标、进度目标、投资目标的顺利实现，促使工程项目建设全面达到优质、快速、造价低的目的。

二、监理工作依据

监理工作的主要依据如下：

(1)发包人与设计单位签订的设计委托合同及设计文件。

(2)发包人与承包人签订的施工承包合同。

(3)发包人与材料、设备供货单位签订的有关购货合同。

(4)发包人为工程建设与其他单位签订的合同。

(5)国家法律、行政法规、办法、规定。

(6)建设工程监理规范有关规定。

(7)监理单位关于监理的有关规定。

(8)建筑、机电安装工程有关技术标准、规程、规范。

(9)国家或国家授权部门与机构批准的工程项目建设文件(包括建设计划、规划、设计任务书等)。

三、监理工作目标

(一)进度目标

工程的总进度目标是：严格监控承包人按批准的施工总进度计划进行施工，保证各单位工程、分部工程、单元工程的施工进度按时开工和顺利实施，确保工程施工按发包人与承包人签订的建设合同工期目标完成，争取工期提前。

(二)质量目标

工程质量是工程建设的核心，是监理工作的重点。本着“百年大计、质量第一”的方针，通过审查施工方案，对工序质量实施事前、事中、事后的全过程、全方位跟踪监督和及时解决施工中存在的质量问题，确保各单元工程的施工质量，从而保证该项目工程总体质量全部满足设计要求，达到合同规定和国家颁发的工程质量检验评定标准要求，按照发包人要求争创“一流工程”、“精品工程”。

工程的质量控制目标是：所监理的工程质量应符合设计和规范要求，合格率达100%；土建工程、金属结构及机电安装工程的优良率达到合同要求的目标。

(三)投资目标

监理工程师将以承包合同价格为基础,通过控制合同工程的工程计量和费用支付,实现工程投资控制的目标:

(1)除重大设计变更外,所有合同工程的结算价款控制在合同价格以内,并力求有所节约。

(2)除不可抗拒的自然力或国家政策法规的重大变化外,在整个施工期内避免较大的合同索赔事件的发生。合同索赔事件一旦发生,应在合同规定的时间内处理完毕;避免久拖不决,影响合同的执行。

(四)安全目标

工程的安全文明施工是工程建设的重要组成部分。本着"安全第一,预防为主"的方针,牢固树立安全生产的意识,严格对工程施工各环节的安全管理,使安全监控达到全过程、全方位状态。工程安全生产管理目标如下:

(1)全面履行安全生产监督管理职责,与发包人、承包人同舟共济,实现工程建设安全生产。

(2)防止和避免所监理工程项目发生性质恶劣、影响较大的安全责任事故。

(3)防止和避免监理人员发生人身伤亡事故。

(4)防止和避免所监理工程项目发生重大的机械设备、交通和火灾事故。

(5)防止和避免所监理工程项目发生重大环境污染事故、人员中毒事故和重大垮塌事故。

(6)督促承包人搭建的临时建筑物符合安全要求,危险部位应设置有符合标准规定的安全警示标志和安全警戒。施工现场的材料要堆放有序,设备停放整齐;通风、供风、供电管线一致,照明充足;施工道路平整,场地无积水,排水通畅,工作场地整洁,为安全生产创造条件。

(五)环保目标

严格遵守国家及地方有关环境保护法律、法规,防止生产废水、生活污水污染水源。做好噪声、粉尘、废气和有毒有害气体的防治工作,保持施工区、生活区清洁卫生。落实各项环境保护措施,努力保护环境,确保施工期及完工后工程区域的水环境、大气环境及其他生态环境均符合环保要求。

第二章　建设工程监理组织

第一节　建设工程监理的组织机构

一、监理部组织机构

为确保工程建设监理服务任务的全面履行，向项目业主提供优质、高效的监理服务，在工地现场应建立"工程项目建设监理部"的组织机构。监理部设总监理工程师一名，实行总监理工程师负责制。总监理工程师代表监理单位对外处理与该合同有关的一切事务，与项目业主及相关部门就执行合同有关问题进行工作联系；对内全面负责监理工作的组织实施。根据工程项目的难易程度，必要时可建立具有丰富的工程设计、施工、管理经验的高级专家顾问组，针对工程项目建设监理过程中的重大技术问题提出指导意见或咨询报告，帮助总监理工程师进行决策。

监理部内部机构根据专业、工作性质和工程布置划分，设立若干个专业职能部门。对于大型或特大型项目，监理部的组织机构建议采用矩阵型或强矩阵型管理模式；对于中小型项目，监理部的组织机构建议采用直线型管理模式，这样命令源唯一，管理思路清晰，便于管理和协调。现以某中型水利水电枢纽工程的监理组织机构（见图 2-1）为例，说明监

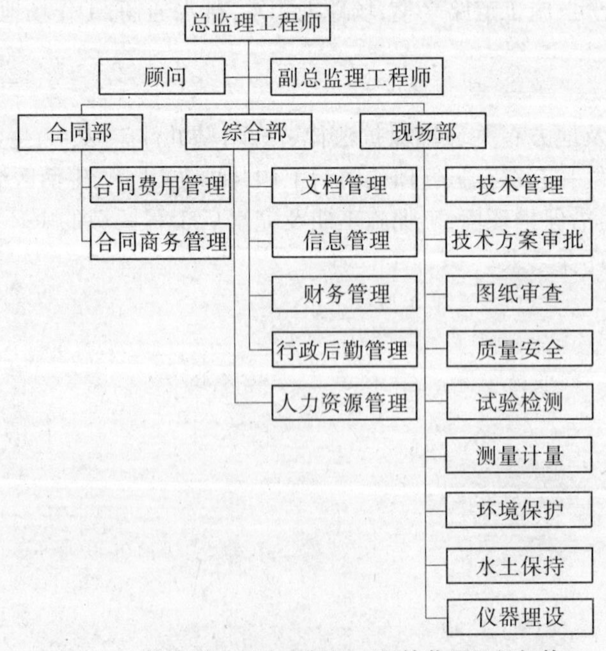

图 2-1　某中型水利水电枢纽工程的监理组织机构

理部组织机构、部门设置及职责分工等。该中型水利水电枢纽工程项目装机容量为14万kW,由土石坝、21孔泄洪闸、混凝土坝段、发电厂房等组成,项目总投资30亿元,工程工期5年。该项目已经通过国家验收投入运行,工程质量优良,社会、经济效益显著;在工程建设和运行期间,设计、监理、施工单位均获得多项国家颁发的技术、管理、施工、环保、文明施工等方面的奖励。

二、专家顾问组成员

监理部设置专家顾问组,作为总部技术支持,定期或不定期地到现场指导工作,确保监理过程中的重大技术问题和管理问题能及时得到解决,确保监理工作的正常开展。

第二节　项目监理部部门设置及职责分工

一、项目监理部部门设置

(一)综合部

综合部全面负责监理机构的文档管理、信息管理、人力资源管理、财务管理和行政后勤管理工作。

(二)合同部

合同部全面管理工程建设合同,负责合同支付管理(合同费用管理)和合同商务管理,并负责编制每月工程财务支付报表。

(三)现场部

现场部统一负责工程项目建设的施工现场、技术管理和安全施工、文明生产管理工作,对施工进度、质量、组织管理进行监督、管理、控制和协调,同时包括图纸审查、技术方案审批、测量计量、材料抽检、原型观测、安全施工、文明生产、环境保护、水土保持、仪器埋设等。

二、项目监理部部门职责分工

(一)综合部

(1)全面负责信息管理、文档管理、行政后勤管理、人力资源管理和财务管理等工作,对总监理工程师负责。

(2)协助总监理工程师做好外部协调工作和接待工作。

(3)负责监理信息的收集和整理:包括工程建设前期的信息、工程建设过程中的信息、工程建设项目监理记录、现场会议记录和工程竣工阶段的有关信息等;对收集的监理信息进行整理,形成完整有序的数据库系统,并对收集的信息数据进行分析,形成面向监理机构不同功能的管理层提供辅助决策的支持系统。

(4)根据收集的工程监理信息,按监理合同和监理规范的有关要求编制监理周报、月报和年报。

(5)负责进度会议、协调会议及其他由监理机构组织召开的会议通知、接待、记录和服务;会后及时整理会议记录,形成会议纪要,并负责一般性文件的起草。

(6)对所收集整理的信息，通过监理机构网站对信息进行共享，同时严格按照保密规定，保证信息在授权范围内流通，不致外泄。

(7)负责文档管理工作，对监理机构的来往文件、技术资料和图纸进行管理。对发包人、设计人和承包人等往来文函、图纸、传真等进行签收、发送、编号、登记和存档，并全部录入数据库。文件原件应分类、分项、整齐有序地进行归档，便于查找。

(8)对工程资料及档案按期进行整编和管理，并负责在监理服务期结束后移交给发包人。

(9)协助总监理工程师做好人力资源管理工作，按照有关人事劳动管理制度和规定，做好监理人员的调整和考核工作。

(10)负责监理机构监理人员的考勤。

(11)负责监理机构日常办公用品、劳保用品和其他生活用品的采购保管与供应工作。

(二)合同部

(1)负责工程合同管理工作，协助发包人进行工程招标发包和签订工程建设合同，全面管理工程建设合同。

(2)对施工投标文件中关于商务的部分进行审议并提出意见或建议，协助发包人参加工程建设合同谈判。

(3)协助发包人与勘测设计、科研单位签订勘测施工图协议和补充勘测设计、科研合同、协议。

(4)管理发包人与设计单位签订的有关合同、协议。

(5)负责协助发包人进行采购招标与发包工作，协助发包人对采购计划进度进行监督与控制。

(6)协助发包人编制投资控制目标和分年度投资计划，审查承包人提交的资金流计划。

(7)进行已完成实物量的计量支付，进行合同支付审核签证，审查承包人的月进度支付申请、预付款申请，在合同规定的期限内起草月进度付款凭证。协助发包人进行工程完工结算和竣工决算，并对施工过程中工程费用计划与实际情况进行比较分析。

(8)对工程变更、工期调整申报的经济合理性进行审议并提出审议意见，依据工程承包合同文件规定受理合同索赔，进行索赔调查和谈判，并提出处理意见。

(9)编制每月工程财务支付报表。

(10)做好合同文件的管理，参与监理周报、月报、年报的编写。

(11)完成总监理工程师交办的其他工作。

(三)现场部

(1)在授权范围内，全面负责工程项目现场施工的技术、进度、质量控制、测量、观测、地质、安全、环保、水土保持等方面的工作。

(2)编制工程控制进度计划，提出工程控制性进度目标，并以此审查承包人提出的施工实施进度计划，提出审查批复意见，定期检查工程进度计划的执行情况，督促承包人采取切实可行的措施实现合同目标；当由于各种原因，实际进度发生较大偏差时，应及时提出调整控制性进度计划的建议意见，经发包人批准后完成其调整。

(3)负责工程项目施工现场的监理工作,包括监督现场进度、质量、投资的实际情况,现场记录、报表的签认,工序和单元工程质量评定、验收,现场问题的处理,现场施工的协调,进度、质量数据的采集,现场信息的反馈,参与质量问题和事故的处理等。

(4)组织向承包人移交与合同项目有关的测量控制网点,审查承包人提交的测量实施报告,审查承包人引申的测量控制网点测量成果及关键部位施工测量放样放点成果,并进行复测。

(5)审查批准承包人自建的实验室或委托试验的实验室,主要审查实验室资质,设备和仪器的计量认证文件,试验检测设备及其他设备的配备,实验室人员的构成、上岗资质及素质,实验室的工作规程、规章制度等。

(6)组织对进场原材料、中间产品进行跟踪检测和平行检测,对承包人的检验结果进行复核。

(7)组织本部门有关人员配合合同部协助发包人编制投资控制目标和分年度投资计划,审核承包人的收方计量及月报表,对工程量计量进行有效控制。

(8)及时处理现场施工中的有关技术问题,处理工程施工过程中有关技术、施工方面的来往信函。

(9)负责施工图和其他技术资料的审查。

(10)组织审查承包人提交的施工组织设计、施工技术措施、工艺试验结果、临建工程设计以及使用的原材料质量记录等。

(11)审查承包人的质量控制体系和措施,核实质量文件。

(12)熟悉设计文件内容,检查设计文件(包括设计说明、技术要求和设计修改通知等)是否符合批准的设计任务书,以及是否符合勘测设计合同规定。

(13)负责组织审核承包人对设计文件的意见和建议,会同设计单位进行研究,并督促设计单位尽快给予答复;审核工程承包合同文件中规定应由承包人提交的设计文件。

(14)组织检查施工安全措施、文明施工、劳动保护和环境保护设施及汛期防洪度汛措施,参加重大安全事故调查并提出处理意见。

(15)组织编写工程监理报告及工程进展过程中有关特殊事件的专题报告,编写监理周报、月报、季报和年报的现场部分,交由综合部汇总。

(16)参加发包人按国家规定进行的各阶段验收、单位工程验收、调试和竣工验收。

(17)完成总监理工程师交办的其他工作。

第三节　项目监理岗位设置及职责分工

一、监理岗位设置

根据工程项目的工作性质、招标文件及承包合同要求,工程项目设置的监理工作岗位有进度专业工程师、造价专业工程师、合同管理专业工程师、安全专业工程师、地质专业工程师、土建专业工程师、爆破专业工程师、测量专业工程师、试验专业工程师、监测专业工程师、信息管理专业工程师、环保专业工程师等专业监理工程师,分别负责相应的管理工作。

二、监理工程师岗位职责

(一)总监理工程师岗位职责

(1)受监理单位委派作为工程项目监理部第一责任者,领导和组织全体监理人员依据监理合同,优质、高效地实现监理工作目标。

(2)树立并负责贯彻"为业主服务、对业主负责"的思想,保持与业主的密切联系,听取业主的愿望和要求,定期向业主汇报监理工作状况,努力改进和提高监理工作质量。

(3)主持编制《监理规划》和监理工作的规章制度、工作准则。

(4)组织部门负责人(项目监理工程师)和专业监理工程师编制各种监理工作实施细则,并审批执行,执行中应负责检查、落实。

(5)定期召开监理部内部会议,对监理工作进行分析、总结,对监理工程师的工作质量按岗位职责进行对照检查。对下阶段的监理工作目标、任务、工作要求和工作重点进行计划与部署,并负责检查、落实。

(6)按分级管理和分级责任制度,重点指导和监督部门负责人和专业监理工程师按"四控制、两管理、一协调"(质量控制、进度控制、投资控制、安全文明施工监督控制、合同管理、信息管理、协调工作)的要求全面开展各项监理工作。

(7)超前考虑和研究工程的质量、进度、投资、合同管理等方面的重大问题。

(8)参加业主主持的技术供应、材料供应、设备供应计划的编制和商定。

(9)主持工程协调会议,研究和协调工程施工中的质量、进度、投资、合同、信息、施工干扰等重要问题,并签发会议纪要。

(10)根据工程施工情况,签发开工、停工、复工指令及其他监理工程师指令。

(11)审查工程月结算、阶段结算、单项工程结算,签发付款凭证。

(12)颁发单项工程合格证书、工程竣工移交证书和工程维护期满证书。

(13)完成业主要求或监理合同规定的其他工作。

(14)副总监理工程师作为总监理工程师的助手,协助总监理工程师工作,在分管范围内履行总监理工程师职责,对于重要工作,要向总监理工程师汇报。在总监理工程师离开工地期间代行总监理工程师职权。

(二)项目(标)监理工程师岗位职责

1. 综合方面

(1)作为监理部部门负责人,在总监理工程师的领导下,领导和组织本部门监理工程师全面开展所监理标段的各项监理工作,优质、高效地实现各项监理工作目标。

(2)负责按《监理规划》要求和监理工作目标要求,编制为完成所监理标段的监理任务所必需的各种监理实施细则,并负责组织实施、补充和完善。

(3)负责制定所监理标段的监理工作目标、任务、工作要求和工作重点等,负责落实到每一位监理工程师,并进行指导、监督和检查。

2. 质量控制方面

(1)负责制定和理顺各专业监理工程师之间的质量控制程序、责任和相互配合关系,并组织实施和检查落实。

(2)负责督促承包商建立起质量管理和质量保证体系,并组织相关监理工程师对承包商的质量体系进行定期检查和落实,使承包商的施工质量自检控制处于良好状态。

(3)主持并组织相关监理工程师对承包商报送的施工组织设计、开工前现场试验(大纲和结果)进行认真审查,对不能满足安全、质量的措施和方法要提出明确的处理意见,并报总监理工程师批准,做好施工质量的事前控制。

(4)经常组织相关监理工程师赴现场检查质量状况,对关键部位、关键工序、质量控制点有比较清楚的了解和掌握,并具体落实到每一位监理工程师;主持基础部位、关键部位、关键工序的验收工作,做好施工质量的过程控制。

(5)检查、落实施工质量抽检工作(配合实验室进行质量抽检,需取样检测时应填写《工作联系单》送实验室,并安排监理工程师或质量监理工程师随同见证取样),审查质量监理工程师按月编制的《工程建设质量报告》;按月对所监理标段的施工质量状况进行分析,提出下一步质量控制的改进和加强意见,做好施工质量的事后控制。

(6)组织相关监理工程师进行质量缺陷或质量事故的调查,提出处理意见,报总监理工程师审批。

(7)需测量监理工程师对工程结构物进行质量检测时,应及时安排监理工程师填写内部使用的《监理任务通知单》给测量监理工程师。对测量监理工程师实施测量后提交的《施工监理测量结果单》中的质量检测结果进行分析,并对《施工监理测量结果单》妥善保管,每月末整理后交监理部档案室存档。

(8)需要质量监理工程师进行监理工作时,应及时安排监理工程师填写内部使用的《监理任务通知单》给质量监理工程师。质量监理工程师接到《监理任务通知单》后应积极开展监理工作,并将工作结果反馈给项目监理工程师,对《监理任务通知单》应妥善保管,每月末整理后交监理部档案室存档。

(9)需要实验室进行抽样检测时,应及时安排监理工程师填写《试验工作通知单》,通知实验室进行取样检测,并随同见证取样,对业主实验室反馈的检测结果资料进行分析。

3.进度控制方面

(1)主持并组织相关监理工程师根据工程总进度目标编制监理工程师控制性年进度计划,并应于每年12月上旬完成。

(2)根据施工进展情况,必要时主持并组织相关监理工程师编制监理工程师阶段性及关键工程项目控制性进度计划。

(3)负责主持和组织相关监理工程师审查承包商报送的总、年、季、月、周施工进度计划和单项工程施工进度计划。在每月、周召开协调会前,应对所监理标段的上月、周进度计划执行情况和下月、周进度计划的合理性进行分析,并向总监理工程师汇报,以便开好每月、周协调会。

(4)负责制定施工进度检查监督的方法和具体内容,并分工落实到每一位监理工程师。

(5)负责主持和组织相关监理工程师进行进度偏差的调查分析和进度偏差的责任鉴定,并形成书面材料,报总监理工程师审核。

(6)负责主持和组织相关监理工程师在必要时对进度计划进行调整,提出调整意见报总监理工程师审核后,报业主批准。

(7)依据已审定的年度施工进度计划,负责编制或督促承包商编制年度供图计划,经总监理工程师审核后,报业主。

4. 投资控制方面

(1)负责主持建立《工程量动态统计表》(统计表中"设计工程量"和"新增工程量"须分开统计),具体落实到人。对工程量按工程量项目进行统计、分析,为投资分析、投资预测、投资计划编制以及工程项目结算做好基础工作。

(2)按《工程计量支付规定》的要求,负责主持合同内新增项目的立项审批,并报总监理工程师和业主审核。

(3)负责组织相关监理工程师向结算监理工程师提供在补充单价审批中有关施工组织设计和现场实施情况的资料。

(4)负责主持《单元工程量签证单》和《施工现场工程量签证单》的签证。当签证单中不涉及新增量(设计附加量、施工附加量和零星工程量)时,审定该签证单。当签证单中涉及新增量时,审核该签证单后报总监理工程师和业主审定。

(5)根据结算监理工程师绘制的投资控制图表,主持并组织相关监理工程师对所监理标段的投资控制进行分析、预测。

(6)对开挖工程量,应及时安排监理工程师填写内部使用的《监理任务通知单》给测量监理工程师进行计量工作。对测量监理工程师实施测量后提交的《施工监理测量结果单》中的工程量进行统计,并对《施工监理测量结果单》妥善保管,每月末整理后交监理部档案室存档。

(7)由地质原因引起的新增工程量,应及时安排监理工程师填写内部使用的《监理任务通知单》给测量监理工程师进行收方工作。对测量监理工程师实施测量后提交的《施工监理测量结果单》中的工程量进行统计,并对《施工监理测量结果单》妥善保管,每月末整理后交监理部档案室存档。

5. 合同管理方面

(1)负责按《合同管理监理实施细则》和业主制定的有关合同管理要求,主持或参与与所监理标段有关的设计变更的审查。

(2)负责检查监督承包商严格履行施工承包合同,制定检查监督记录的具体内容(如施工劳力、设备、停工、窝工、停电、断路、施工干扰等)和具体要求(时间、地点、执行人),并负责落实到每一位监理工程师,还应定期(至少每月一次)地对监理工程师的工作进行检查。

(3)协调业主和承包商在执行合同中的分歧,必要时提出处理意见报总监理工程师。

(4)受理承包商提出的索赔申请(或费用补偿申请),建立起索赔档案。组织相关监理工程师制定索赔处理的具体工作内容和要求,并分工、落实到每一位监理工程师,还应定期对监理工程师的工作进行检查,确保索赔资料全面、系统和完整,为索赔处理提供翔实的第一手资料。

6. 信息管理方面

(1)负责按分部工程对设计文件(图纸、通知、技术要求等)进行分类整编,组织相关监理工程师对设计文件进行检查、核对,发现问题及时与设计代表联系,指导其他监理工程师熟悉和掌握设计要求。

(2)负责在每月25日及时组织对已完单元工程进行质量等级评定,并将评定结果统计在已建立的《××工程单元工程质量等级评定统计表》中,同时将评定情况编写进当月的《监理月报》中。将与质量评定有关的测量资料、地质资料、检测试验资料、验收单等按单元工程或分部工程进行整编,每月末交监理部档案室存档。

(3)负责每月一次将所有工程量签证单按编号顺序汇总,并按建档要求建立目录后装订,交监理部档案室存档。

(4)负责每月一次将质量缺陷或质量事故处理报告整编,移交监理部档案室存档。

(5)负责每月一次将进度控制图表及进度偏差报告整编,移交监理部档案室存档。

(6)负责每月一次将合同管理监督检查记录(所有的表格和资料)整编,移交监理部档案室存档。

(7)负责所有索赔资料的整编,报总监理工程师按保密要求进行妥善保管。

(8)负责编写本标段的监理月报、阶段性监理总结报告和竣工监理报告。

7. 其他

(1)在开挖工程监理工作中,需地质监理工程师进行地质工作时应及时安排监理工程师填写内部使用的《监理任务通知单》给地质监理工程师,并对地质监理工程师反馈的信息资料进行分析。对《监理任务通知单》应妥善保管,每月末整理后交监理部档案室存档。

(2)每星期一检查本部门监理人员每日填写的《监理日志》,并签署审查意见后报总监理工程师。

(三)土建监理工程师岗位职责

1. 综合方面

(1)在受总监理工程师或项目监理工程师委派,作为现场各工作面负责人。除认真履行本专业监理工程师岗位职责外,还应负责组织各专业监理工程师协调开展现场监理工作。

(2)应根据现场工程形象提醒或通知其他专业监理工程师及时进行相应的检验、鉴定、测量等监理工作(在监理部内部实行《监理任务通知单》,每月末将《监理任务通知单》的存根交监理部档案室存档),以免监理工作遗漏。但不因提醒(或通知)与否,减轻其他专业监理工程师应承担的责任。

(3)在项目监理工程师离开工地期间,受项目总监理工程师委托,代行项目监理工程师职权。

2. 质量控制方面

(1)负责检查承包商的质量管理和质量保证体系是否建立健全,若不完善,督促承包商完善。负责督促承包商施工质量自检"三控制"和质检人员到位。

(2)负责督促承包商在规定时间内报送有关的施工组织设计、现场试验大纲或结果,并协助项目监理工程师进行审查。

(3)负责经常赴现场跟踪检查施工质量状况,包括(但不限于):

①协助测量监理工程师进行建筑物定位检查(轴线、桩号、高程、关键部位的体型尺寸等)。

②会同地质工程师检查基础开挖工程:钻爆方式、建基面保护、地质缺陷处理、地下水处理等。

③检查灌浆工程:造孔工艺、孔位、孔深、孔斜、浆液情况、灌浆压力、结束标准、压水试验等。

④检查喷锚支护和预应力锚固工程:喷混凝土厚度、喷混凝土强度,锚杆造孔工艺、孔深、锚杆长度、规格、数量、注浆,锚索张拉、注浆、排水孔孔深、数量等。

⑤会同质量监理工程师检查混凝土工程:原材料质量,配合比,模板,预埋件,钢筋规格、数量,混凝土浇筑方式、振捣、间隔时间、积水、泌水等。

⑥会同质量监理工程师检查土石方回填工程:原材料质量、级配、含水量,铺筑厚度、碾压遍数、压实度,现场检测等。

(4)负责对关键部位或关键工序进行旁站监理。

(5)负责现场日常检查验收,参与质量评定。

(6)参与质量缺陷或质量事故的调查处理。

(7)配合实验室进行见证抽样检测。

(8)加强现场的工程质量巡检工作,对检查中发现的工程施工质量问题及时提出监理要求及整改要求(除现场口头要求外,要求及时拟发《监理通知》),并及时向项目监理工程师和总监理工程师汇报。

(9)需测量监理工程师对工程结构物进行质量检测时,应及时通知测量监理工程师。对测量监理工程师实施测量后提交的《施工监理测量结果单》中的质量检测结果进行分析,并对《施工监理测量结果单》妥善保管,每月末整理后交监理部档案室存档。

(10)需质量监理工程师进行监理工作时,应及时填写内部使用的《监理任务通知单》给质量监理工程师。质量监理工程师接到《监理任务通知单》后应积极开展监理工作,并将工作结果反馈给项目监理工程师。对《监理任务通知单》妥善保管,每月末整理后交监理部档案室存档。

(11)需要实验室进行抽样检测时,应及时通知实验室进行取样检测,并随同见证取样,对实验室反馈的检测结果资料进行分析。

3. 进度控制方面

(1)参与监理工程师控制性年度计划的编制。

(2)参与监理工程师阶段性以及关键工程项目控制性进度计划的编制。

(3)负责督促承包商按规定时间报送年、月、周施工进度计划或单项工程施工进度计划并参与审查。

(4)负责对施工进度计划的监督、检查和落实,并按月形成书面材料报送项目监理工程师。检查内容包括:

①施工项目的工程形象与进度计划的对照检查。

②材料供应、施工设备(数量、规格及完好程度)、施工人员(工种、数量)与进度计划的匹配情况。

③施工组织管理与进度计划的匹配情况。

④施工干扰的原因及其对进度影响程度。

⑤停工、窝工、工期拖延的统计及原因分析等。

4. 投资控制方面

(1)负责按《工程量动态统计表》要求,将所分管工作面的全部工程量按工程量项目进行汇总、统计,并于每月25日将《工程量动态统计表》交给项目监理工程师。

(2)参与合同内新增项目的立项审批,提供现场施工情况的翔实资料,论证新增项目成立与否。

(3)负责向结算监理工程师提供补充单价审批中有关施工组织和现场实施情况的资料。

(4)负责现场核实已完工程量的工程部位、规格、数量,并按《工程计量支付规定》的具体要求和《工程量签证单(土建)》的具体要求进行工程量签证后报送项目监理工程师审核。

(5)负责向项目监理工程师、结算监理工程师提供在投资控制分析、预测时所需要的现场资料。

(6)对开挖工程量,应及时填写内部使用的《监理任务通知单》给测量监理工程师进行收方工作。对测量监理工程师实施测量后提交的《施工监理测量结果单》中的工程量进行统计,并对《施工监理测量结果单》妥善保管,每月末整理后交监理部档案室存档。

(7)由地质原因引起的新增工程量,应及时填写内部使用的《监理任务通知单》给测量监理工程师进行收方工作。对测量监理工程师实施测量后提交的《施工监理测量结果单》中的工程量进行统计,并对《施工监理测量结果单》妥善保管,每月末整理后交监理部档案室存档。

5. 合同管理方面

(1)负责按《合同管理监理实施细则》和业主制定的有关合同管理要求,主持或参与与所监理标段有关的设计变更的审查。

(2)按项目监理工程师制定的具体内容和分工进行承包商履行施工承包合同的监督检查(特别记录清楚如停工、停水、停电、断路、施工干扰等),并按月形成书面材料交给项目监理工程师。

(3)协调施工现场的施工干扰。

(4)对承包商和业主执行合同的分歧,进行现场调查,提供全面、准确的资料报送项目监理工程师。

(5)按项目监理工程师制定的索赔处理具体工作内容和分工参与索赔调查。

6. 信息管理方面

(1)负责对设计文件进行检查、核对,发现问题及时与设计代表联系或报告项目监理工程师,认真阅读设计文件,熟悉和掌握设计意图与设计文件中的内容及要求。

(2)负责协助项目监理工程师编写监理月报、阶段性监理报告或竣工监理报告。若项目监理工程师有安排,应负责编写所监理标段的监理月报、阶段性监理报告或竣工监理报告初稿。

(3)负责草拟与所负责监理标段有关的监理通知、复函及其他文件。

(4)参加与所监理标段相关的生产、技术协调会议。

(5)负责每月一次将所监理标段所有工程量签证单按编号顺序汇总,并按建档要求建立目录后装订,交监理部档案室存档。

(6)对在监理过程中形成的所监理标段的所有监理资料进行分类整理,定期装订成册,移交监理部档案室妥善保管。

(7)负责与所监理标段有关的工程资料、监理资料的收集、整理、保管和移交工作,为编写监理月报提供第一手资料。

(8)每日填写《监理日志》,每星期一报项目监理工程师审查。

7. 其他

在开挖工程监理工作中,需地质工程师进行地质鉴定或地质素描工作时,应及时通知地质监理工程师,并对地质监理工程师反馈的信息资料进行分析。

(四)机电、金属结构各专业监理工程师岗位职责

1. 质量控制方面

(1)在总监理工程师的领导下与其他部门的项目监理工程师和专业监理工程师密切配合,全面开展本专业的监理工作,优质高效地实现本专业监理工作目标。

(2)熟悉与本专业有关的标书、合同条款、设计图纸、设计要求、设备订货协议以及有关的规程、规范要求。

(3)熟悉《机电、金属结构安装施工质量监理细则》及各专业监理细则,并严格按其要求执行。

(4)负责督促承包商建立起本专业质量管理和质量保证体系,并对承包商的与本专业有关的质量体系进行定期检查和落实,使承包商的施工质量自检控制处于良好状况。

(5)对承包商报送的本专业的施工组织设计、施工措施计划、设备安装、调试方案及计划、施工安装前的现场试验(大纲和结果)及其施工报告进行初步审查。对不能满足安全、质量和进度的措施与方法要提出明确的处理意见,并报送项目监理工程师或总监理工程师批准,做好施工质量的事前控制。

(6)审查承包商提供的与本专业有关的工程自检报告、安装试验记录、施工记录表格,主持复检工作,并签署本专业施工验收合格证。

(7)主持本专业范围内的单项、单元、分项、分部、单位工程等的验收(单位工程为初步验收)和质量等级评定工作。

(8)处理在施工安装过程中出现的与本专业有关的技术问题,重大的技术问题应提出意见并报送项目监理工程师或总监理工程师审批。

(9)经常到各施工现场检查质量状况,对与本专业有关的任何施工安装情况有详细的了解。对关键部位、关键工序、质量控制点有非常清楚的了解和掌握,做好施工质量的过程控制,并做好监理记录。

(10)检查、落实与本专业有关的施工质量检测和抽检工作,按月对本专业的施工质量状况进行分析，提出下一步质量控制的改进和加强意见，报给项目监理工程师或总监理工程师，做好施工质量的事后控制。

(11)根据现场工程形象提醒或通知其他专业监理工程师及时进行相应的检验、鉴定、测量等监理工作(在监理部内部实行《监理任务通知单》，每月末将《监理任务通知单》的存根交监理部档案室存档)，以免监理工作遗漏。但不因提醒(或通知)与否，而减轻其他专业监理工程师应承担的责任。

(12)根据有关合同规定，负责本专业有关设备的监造和设备的出厂验收。

(13)负责主持本专业的所有设备的到货清点检查核对、开箱验收工作，并按要求进行详细的记录，对验收不合格或有缺陷的设备，初步确定责任方，并提出解决办法和处理措施报总监理工程师审批。

(14)主持参与本专业相关的所有设备的调试及试运转工作，并对试运转情况作出书面评价。

(15)初步审查承包商报送的水轮发电机组的启动试运转程序，参加启动试运转。对启动试运转作出评价及建议，并报总监理工程师。

(16)负责调查与本专业有关的质量事故及质量缺陷，并提出处理意见报总监理工程师。

(17)加强现场的工程质量巡检工作，对检查中发现的工程施工质量问题及时提出监理要求及整改要求(除现场口头要求外，要求及时召开专题会议或拟发《监理通知》)，并及时向项目监理工程师和总监理工程师汇报。

(18)需测量监理工程师进行质量检测时，应及时填写内部使用的《监理任务通知单》给测量监理工程师，并对测量监理工程师实施测量后提交的《施工监理测量结果单》中的质量检测结果进行分析。对《施工监理测量结果单》妥善保管，每月末整理后交监理部档案室存档。

2. 进度控制方面

(1)负责审查承包商报送的有关本专业的总、年、季、月、周施工进度计划和单项工程施工进度计划。

(2)负责对承包商实施的有关本专业的施工进度进行检查和监督，并对本专业的进度偏差进行调查、分析，对进度偏差的原因和责任进行初步鉴定，报总监理工程师审核。

(3)负责在必要时对本专业的进度进行调整，提出调整意见，报总监理工程师审核。

(4)负责编制或督促承包商编制本专业年度供图计划，经总监理工程师审核后，报业主。

(5)根据工程施工安装进度计划及实施情况，负责提出本专业所有设备的交货日期、计划及要求，经总监理工程师审核后，报业主。

(6)对本专业相关设备的生产进度计划了解清楚，并按其订货协议要求进行监督。当发现设备生产过程将会影响工程施工进度时，应及时通报业主，并与有关单位进行联系协调，提出初步处理意见报总监理工程师审批后，报业主和相关单位。

3. 投资控制方面

(1)按《工程计量支付规定》的要求，负责主持本专业《工程量签证单(机电)》的签证。按其签证要求完成由专业监理工程师应该完成的签证工作,并及时按要求将其签证单报送项目监理工程师或总监理工程师审签。

(2)负责审查并分析与本专业有关的超过合同工程量、设计工程量的额外工程量的发生原因,并提出处理意见报总监理工程师审批。

(3)负责初审施工统计月报表中与本专业有关的工程量,并提出审查意见报总监理工程师。

(4)负责对本专业设备在施工安装过程中出现的经济问题进行原因分析,并提出处理意见报总监理工程师审批。

(5)参与并协助业主对本专业设备的有关订货、采购等工作。

4. 合同管理方面

(1)负责按《合同管理监理实施细则》和业主制定的有关合同管理要求,主持或参与与本专业有关的设计变更的审查。

(2)负责检查监督与本专业有关的承包商严格履行施工承包合同,并负责记录和调查与本专业有关的检查监督的具体内容(如施工劳力、设备、停工、窝工、停水、停电、断路、施工干扰等),将其记录定期向总监理工程师汇报。

(3)协调与本专业有关的业主和承包商、业主和设备供货商、承包商与设备供货商在执行合同中的分歧,必要时提出处理意见报总监理工程师。

(4)负责与本专业有关的索赔事件的调查,并整理索赔资料,为索赔处理提供翔实的第一手资料,提出处理索赔意见报总监理工程师。

(5)协助业主进行与本专业有关的采购合同管理。

5. 信息管理方面

(1)负责对本专业设计文件(图纸、通知、技术要求等),设备制造厂相关设备的文件(图纸、技术要求、使用说明书等)的分类、整理,并对与本专业有关的设计文件、设备文件进行检查、核对,发现问题及时与相关单位联系。

(2)负责草拟与本专业有关的监理通知、复函及其他文件。

(3)参加与本专业相关的生产、技术协调会议。

(4)负责每月一次将本专业所有工程量签证单按编号顺序汇总,并按建档要求建立目录后装订,交监理部档案室存档。

(5)对在监理过程中形成的本专业的所有监理资料进行分类整理,定期装订成册,移交监理部档案室妥善保管。

(6)详细编写本专业的监理日记,并负责编写本专业的监理月报和有关监理总结报告。每日填写《监理日志》,每星期一报项目监理工程师审查。

(7)负责与本专业有关的工程资料、监理资料的收集、整理、保管和移交工作,为编写监理月报提供第一手资料。

(8)负责编写本专业的监理报告初稿。

(五)测量监理工程师岗位职责

1. 质量控制方面

(1)对业主提供的三角控制网和测量基准点的各种资料必须全面熟悉,并负责移交给各相关承包商;定期进行复核和检查,发现问题及时向总监理工程师汇报,并提出处理的措施。

(2)对承包商的施工测量工作进行监理、检查,若发现承包商在测量技术力量、仪器配备及实施测量进度安排等方面不能满足测量质量和进度要求,要督促承包商采取措施改进。

(3)对于承包商布置的控制网点、轴线以及重要部位(如重要桩号、高程、机电设备安装定位、基础轮廓线以及其他精度要求较高的体型尺寸等)的放样测量,要通知承包商报送测量方案,并对承包商报送的布设方案、技术措施、施测方法、测量设备以及误差要求进行审查。承包商测量完毕后要对承包商的测量结果进行审查,必要时进行复核测量,或在控制网点实施测量时旁站监理。

(4)负责督促承包商进行所有覆盖前断面、中间验收断面的测量,对施工缺陷及时通知承包商进行缺陷处理并及时复测,直至满足验收和质量评定的要求。

(5)负责与承包商进行所有中间计量断面的联合测量工作,联合测量原始资料在测量结束后,经双方签认后各执一份;联合测量成果确认后,要妥善保管并存档。

(6)加强工程质量检测工作,对检测中发现的工程施工质量问题及时提出监理要求及整改要求(除现场口头要求外,要求及时拟发《监理通知》),并及时向项目监理工程师和总监理工程师汇报。

2. 进度控制方面

(1)督促承包商的测量工作在施工现场具备条件时尽早进行,避免因测量工作影响施工进度。

(2)对各单项工程开工前的原始断面或原始地形进行测量时,由承包商在条件具备的情况下提出申请,由测量监理组织承包商、监理、业主进行联合测量,并及时在原始数据上三方签字,作为工程土建开挖原始计量依据,然后由承包商将测量成果报监理审核。

(3)对承包商要求复核的测量工作,除非有特殊原因并经总监理工程师同意,否则应立即进行,以免因测量复核工作影响施工进度。

3. 投资控制方面

(1)必须认真熟悉和掌握合同文件中需要进行计量量测的工程量项目(如土石方开挖、土石方填筑、不规则断面混凝土浇筑等),并熟悉计量量测的具体要求。

(2)负责督促承包商必须在土石方填筑或混凝土浇筑前对地形(包括已开挖到位的断面或原始地形)进行测量,并对承包商的测量进行复核。

(3)负责督促承包商按《工程计量支付规定》对所有需要计量量测的工程量项目进行收方测量,并对承包商的收方测量进行复核。断面间距除符合合同文件中的规定或工程量计算的精度要求外,还应能正确反映断面状况,对于突变部位,必须加密测量断面。

(4)参加与测量有关的合同内新增项目的审批。

(5)负责按《工程计量支付规定》的有关要求,进行工程量签证单中有关量测工程量的审核签证,参加有关新增工程量的审核签证。

(6)在工程量收方工作中,除进行正常收方工作外,在接到其他部门监理工程师的监理任务通知后,应及时按监理工程师的要求进行收方工作。实施测量后将施工监理测量成果提交给监理工程师,并对收方工程量进行统计,对施工监理测量成果底稿妥善保管,每月末整理后交监理部档案室存档。

4. 合同管理方面

(1)负责督促承包商对合同文件中规定由业主提供的地形资料和实际地形(包括堆渣等)进行开工前复测,并对承包商的复测成果进行复核。若发现实际地形资料不符或实际地形与设计图纸偏差较大,应分析原因,计算出两者的偏差量,形成书面资料报总监理工程师,并经总监理工程师报业主一份备案。

(2)在项目监理工程师的领导和组织下,建立起与测量有关的索赔档案,参加索赔调查。

5. 信息管理方面

(1)负责对业主移交的测量控制网点资料进行清理、整编,并建立起目录或清单。原件交监理部存档,复印件由测量监理工程师使用。

(2)负责按单元工程或分部工程对验收测量资料进行整编,建立起目录或清单,并妥善保管。在项目监理工程师组织质量评定时移交项目监理工程师,质量评定完毕与评定单一同装订,移交监理部存档。

(3)负责按工程量项目对工程量收方测量资料进行整编,建立起清单和目录,并妥善保管,在工程量签证时与签证单一同装订,移交监理部存档。

(4)编写测量专业阶段性监理报告和竣工监理报告。

(5)每日填写《监理日志》,每星期一报项目监理工程师审查。

(六)质量监理工程师岗位职责

1. 质量控制方面

(1)熟悉和掌握合同文件、设计文件与规程规范规定的工程质量检测和检查的项目、检测频率、检测方法及评定标准的要求;编制出《工程质量检测和监理检验计划总表》,使整个建设期间的检测、检验工作有计划、有步骤地进行。

(2)负责检查承包商的质量管理和质量保证体系是否建立健全,若不完善,督促承包商完善,同时负责检查督促承包商施工质量自检"三控制"和质检人员到位情况。

(3)监督、检查、控制承包商进行工程质量检测试验:

①负责督促承包商建立起与工程项目建设相适应的检测试验制度。

②负责督促承包商按规程规范及材质标准要求,对准备使用的工程原材料质量进行抽样检测。在开工前将检测资料连同厂家材质证明一起报质量监理工程师审核,避免不合格材料用于工程。

③督促承包商按要求进行材料级配试验、作业工艺试验、施工参数试验、混凝土配合比试验等工作,将试验资料在开工前14天报质量监理工程师审核;具体要求详见招标文件有关技术条款、《施工技术要求》或有关规程规范。

④督促承包商按合同文件、设计文件和规程规范规定的检测试验项目、检测频率、检测方法及评定标准要求进行检测试验,并审查承包商的检测试验成果。

(4)质量监理工程师对工程质量控制的职责。包括:

①必要时对原材料进行抽检,抽检比例为承包商自检数量的10%。对重要隐蔽工程

的质量要与承包商进行平行检测。

②进行混凝土质量抽检。抽检比例为承包商取样数量的10%,抽检内容主要为混凝土原材料(水泥、砂、粗骨料有关指标)、混凝土拌和物(坍落度)、混凝土成型试块(抗压强度),其他内容视需要进行。

③根据需要和规程规范要求,进行喷锚支护工程质量的抽检。

④对试验检测月报中提出的质量问题,以《监理通知》书面形式向承包商提出监理的质量要求及整改要求。

(5)负责督促承包商提交单元工程、隐蔽工程验收和质量评定所必需的质检资料,参加项目监理工程师组织的有关质量监理内容的验收和质量评定工作。

(6)参加项目监理工程师组织的质量缺陷、质量事故的调查、分析,提出补救措施。

(7)加强现场的工程质量巡检工作,对检查中发现的工程施工质量问题及时提出监理要求及整改要求(除现场口头要求外,要求及时拟发《监理通知》),并及时向项目监理工程师和总监理工程师汇报。

(8)按月对所监理标段的施工质量状况进行分析,编制《工程建设质量报告》,提出下一步质量控制的改进和加强意见,做好施工质量控制。

(9)需测量监理工程师对工程结构物进行质量检测时,应及时通知测量监理工程师。对测量监理工程师实施测量后提交的测量结果中的质量检测结果进行分析,每月末整理后交监理部档案室存档。

(10)需要进行抽样检测时,应及时进行取样检测,并随同见证取样,对实验室反馈的检测结果资料进行分析。

2. 进度控制方面

(1)加强有关质量监理方面的施工质量事前控制和过程控制,避免因出现返工、质量缺陷、质量事故而影响施工进度。

(2)督促承包商及时进行质量检测试验,避免因质量检测工作的不及时而影响施工进度。

(3)及时进行必要的质量抽检试验,避免因质量抽检工作的不及时而影响施工进度。

3. 投资控制方面

负责按《工程计量支付规定》审核月报表中有关试验检测、检验的工程量项目是否具备计量支付的条件。

4. 合同管理方面

(1)必须熟悉和掌握合同文件中有关试验、检测的项目与费用规定,督促承包商全面履行合同。

(2)依据合同文件,对承包商可能提出的试验项目、费用等问题先进行调查分析,提出处理意见报送总监理工程师审定。

5. 信息管理方面

(1)负责按单元工程或分部工程对承包商报送的检测试验资料和实验室的检测资料进行分类整编,建立起目录或清单,并妥善保管。在项目监理工程师组织质量评定时移交资料,并与评定单一同装订存档。

(2)负责督促各承包商按月编写《工程施工质量检测成果报告》,并结合实验室抽检结果按月编写《工程施工质量报告》。报告应包括当月质量状况分析,以及需要改进、加强的意见。

(3)每日填写质量检测《监理日志》,每星期一报总监理工程师审查。

(4)编写工程质量阶段性监理报告和竣工监理报告。

(七)结算监理工程师岗位职责

1. 工程计量支付方面

(1)协助业主进行合同预付款、工程结算款、调差价款、奖金以及总价承包项目的进度款支付工作,提供必要的数据和资料。

(2)负责按《工程计量支付规定》主持《施工月统计报表》的审核工作。

(3)负责对月进度款报表中的工程量项目和单价进行审查。

(4)参加项目监理工程师组织的合同内新增项目的立项审批,从合同管理的角度论证新增项目的成立与否。

(5)在其他监理工程师已对施工组织设计和现场施工方法进行了审核的情况下,负责按合同文件中有关规定、《工程计量支付规定》以及有关单价编制原则、定额采用和取费标准,对承包商报送的补充单价进行审批。对于涉及工程量较大、对投资影响较大或与承包商分歧较大的补充单价,应向总监理工程师汇报并经总监理工程师向业主汇报。

(6)参与项目监理工程师组织的工程量签证工作中有关设计附加量、施工附加量等工程量的签证,并从合同管理的角度论证其附加工程量是否成立。

2. 工程索赔管理方面

(1)建立本部门的索赔档案,并协助项目监理工程师建立起索赔档案。

(2)对索赔事件进行分析,提出与索赔事件有关的合同条件,协助项目监理工程师制定索赔调查的具体内容、程序、方法和时间要求。

(3)负责审查承包商提出的索赔费用(含计算依据、计算方法和计算结果)。

3. 计划统计方面

(1)根据计量支付状况,绘制直观的投资控制图表。

(2)对合同内新增项目和新增费用按新增原因进行分类、汇总,绘制直观图表。

(3)每月根据实际完成的工程量和审定的主材消耗定额,核查本月主材定额消耗量,并对业主实际供应的主材数量进行对比分析,采取必要措施,控制超定额消耗量。

(4)按照总监理工程师已审批的承包商施工进度计划,审查承包商的材料计划和资金计划,报业主审定。

(5)在总监理工程师主持下,会同项目监理工程师和其他监理工程师进行建安工程投资预测。

(6)按照总监理工程师已审批的承包商年度施工进度计划,主持编制建安工程半年度、年度投资计划。

(7)主持并组织有关监理工程师进行投资影响因素和影响程度分析。

4. 信息管理方面

(1)负责将各种结算、计划统计资料、工程索赔资料按月整编,移交监理部档案室存档,对需要保密的索赔资料按保密制度进行妥善保管。

(2)负责编写投资控制的阶段性监理报告和竣工监理报告。

(3)统计各承包商报送的月、季、年投资完成情况,形成统计报表。

(4)每日填写《监理日志》,每星期一报项目监理工程师审查。

(八)文档监理工程师岗位职责

(1)负责设计文件(设计图纸、设计通知、技术要求等)的签收、发放与管理。

(2)负责工程来往函件、各种通知、承包商申请、报告、施工记录的签收、传递和文字处理工作。

(3)负责建立起详细的资料借阅、保管、归档管理制度,对所有工程资料和监理资料进行分类、统计、归档。避免资料混乱或遗失,并使其他监理工程师在需要时能快速查阅有关资料。

(4)负责对监理过程中形成的录像、照片、样品等实物性资料的保管。

(5)负责编写综合监理日记、监理大事记等。

(6)负责监理部的设备、器材管理。

(7)按总监理工程师的要求主持监理部考勤、考核及日常事务管理。

(8)未尽事宜按监理部已制定的《办公设备与文档管理办法》执行。

(九)安全监理工程师岗位职责

1. 安全生产方面

(1)应依照中华人民共和国国务院令第393号《建设工程安全监察条例》、《特种设备安全监察条例》及国家和上级单位颁布的施工规范、操作规程、合同相关规定开展监理工作。坚持"安全第一、预防为主"的方针,认真贯彻执行国家和有关政府部门颁布施行的法律、法规和安全规程,按照合同规定行使业主赋予的安全监理方面的权力。

(2)对承包商的安全管理机构设置,安全管理技术人员的配备,安全监测设备仪器的配置,以及安全管理体系的建立进行审核和确认。

(3)监督检查承包商工程安全文明施工措施和防护措施,检查施工承包商在劳动保护及环境保护方面是否符合合同规定和国家规定的标准,并随时提出保证安全文明生产的意见和建议,将事故消灭在萌芽状态。

(4)审查批准承包商按照承包工程特点编制的工程施工安全规程和专项业务措施计划。

(5)做好安全施工的组织协调,妥善处理相邻工程项目的施工干扰,排除不安全因素或潜在的不安全因素。

(6)对承包商的安全技术人员的安全培训和考核进行审查,不合格者不得上岗。

(7)每月组织进行一次工程安全文明生产检查活动,并编写检查报告。

(8)参与业主组织的安全工作会议和安全大检查。

(9)督促承包商开展安全生产无事故活动,协助制定《安全生产奖励条例》,以促进安全文明生产和提高工效。

(10)组织或参与对安全事故的调查分析,监督承包商对安全事故的处理,并提出调查报告。重大安全事故及时向总监理工程师和业主报告,参加重大事故调查并提出调查报告。

(11)每月末编写《工程建设安全文明生产监理报告》,并按规定编制监理工程项目的安全统计报表,定期向业主报告。

(12)督促承包商建立以安全第一责任人的各级安全施工工作制度,推行“一级抓一级,层层签订安全责任书,各级安全目标公开承诺”制度,建立健全的安全管理系统,分层次的安全保证体系和监督体系。做好安全管理的计划、布置、检查、总结和评比工作。

(13)从以下方面审查承包商编制的安全管理体系文件的内容:

①安全生产责任制。

②安全生产规章制度和操作逐级管理制。

③安全生产教育培训及安全管理人员资质管理制。

④垂直运输机械作业人员、安装拆卸工、爆破作业人员、起重信号工、登高架设作业特殊作业人员的专门培训及特殊作业操作资质管理制。

⑤特种机械设备管理制。

⑥安全施工检查制。

⑦安全技术措施计划和劳动保护措施计划编制。

⑧事故调查、处理、统计、报告制。

⑨安全奖惩制。

⑩协作队伍工程安全管理制。

⑪安全用电及安全防护管理制。

⑫车辆交通安全管理制。

⑬防火、防爆安全管理制。

⑭粉尘及噪声的控制制度。

⑮施工现场安全监护及爆破警戒管理制。

⑯安全防护用具、装备管理制。

⑰季节施工(包括夏季、冬季施工、度汛防汛、雷电等)的安全管理制。

⑱锅炉、压力容器管理制。

⑲机械运行及维护管理制。

⑳安全文明施工和环境保护管理制。

㉑劳动保护用品发放标准,劳动保护设施、器具管理制。

㉒女工特殊保护管理制。

㉓火工材料的运输、使用和储存管理制。

㉔施工道路和施工运输管理制。

㉕焊接及防火防爆管理制。

㉖高空作业及安全防护管理制。

㉗意外事故应急预案的救援预案。

㉘消防安全责任管理制。

㉙危险作业人员意外伤害保险管理制。

(14)督促承包商提交特种作业人员上岗资质证书复印件,审查承包商特种作业人员上岗资质证书。

2. 爆破安全方面

(1)安全监理工程师依据《水工建筑物岩石基础开挖工程施工技术规范》(DL/T 5389—2007)及《爆破安全规程》(GB 6722—2011)对爆破工程进行安全监理。

(2)对承包商领用的炸药、雷管等火工材料的运输、使用进行监督检查,并要求承包商将炸药、雷管等火工材料每月领用和使用情况报监理部备案。

(3)对承包商的安全警戒措施进行审批,并报业主备案。

(4)检查爆破施工区警戒标志的设置、声响信号及爆破时间内的警戒情况。

(5)抽查或调用承包商的爆破记录。

(6)参与施工现场爆破引起的人身伤亡事故和对建筑物的破坏事故的现场调查、处理,并进行备案。

(7)督促承包商对爆破施工进行监测。

(8)检查爆破作业人员持证上岗情况、遵守爆破工序和安全操作规程情况。

3. 高空作业安全方面

(1)督促、协助承包商制定高空作业的安全措施,高空作业施工方案经审批后方能施行,并报业主备案。

(2)监督承包商定期进行高空作业人员身体检查,开展安全教育,执行安全操作规程。凡经医院诊断患高血压、心脏病、贫血、精神病以及不适合高处作业的其他病症的、身体不合格和未经安全培训的人员,不得从事高空作业。

(3)对高空作业防护设施配备、起重设备、施工机械完好状况进行检查,凡不符合高空作业安全规程和存在安全隐患的,应及时责令停工。

(4)检查孔洞、陡坡、悬崖、杆塔、吊桥、脚手架及其他危险边缘悬空高空作业的安全防护设施。

(5)检查高空作业时用的脚手架上脚手板和1.1 m高的护身栏杆是否符合要求。

(6)检查高空作业区下面或附近是否有燃气、烟尘及其他有害气体。

(7)检查在带电体附近进行高空作业的安全防护措施(距带电体的最小距离:10 kV电压为1.7 m,35 kV电压为2.0 m)。

(8)检查高空作业区下面的警戒设置情况。

(9)检查高空作业架子、脚手板、马道、靠梯和防护设施等是否符合安全要求。

(10)检查易燃易爆物品的管理和使用情况,并督促承包商配备消防器材。

(11)检查高空作业人员使用的电梯、吊篮、升降机等设备的安全性。

4. 照明设施方面

(1)检查大规模露天施工现场夜间照明设施。

(2)检查硐室施工照明设施,各种施工作业和工作区提供的最低照明度要求如表2-1所示。

(3)检查所有夜间使用的移动设备或设施的灯光安全工作条件。

(4)对作业区的照明条件进行监督和检查,凡达不到作业最低照明度标准的高边坡、坑槽及硐室施工区,应及时下达安装照明设施的指令或停工指令。

表 2-1　施工照明要求参数

作业区	照明度(IZ)
明挖及硐室作业区	50
交叉运输或其他危险条件的运输道路	50
维修车间和辅助建筑	50

(5)检查现场 110 V 以上的照明线路,保证绝缘良好、布线整齐、相对固定,并应经常检查维修,悬挂高度不应低于 2. 5 m。经常有车辆通过之处的照明线路,悬挂高度不应低于 5 m。

(6)对于行灯,要按行灯电压不得高于 36 V、在潮湿地点和坑井及金属容器内部工作的行灯电压不得超过 12 V、行灯设有防护网罩、行灯变压器低压侧接地的要求进行检查。

(7)检查易燃易爆物品场所的照明设备、防爆措施。

(8)检查在脚手架上装灯时采取的绝缘措施,严禁把线弯成裸钩挂在电源线上通电使用,严禁在电线上挂衣服或其他物品。

(9)检查所用保险丝是否超过荷载容量的规定,是否以其他金属丝代替保险丝使用,所有开关、电闸、操作盘是否经常维护。

(10)检查作业区使用的电器照明设备人员的绝缘措施,避免人身触电伤亡事故的发生。

5. 信号设施方面

(1)督促承包商为施工安全提供一切必要的信号装置,包括标准道路信号、报警信号、危险标志信号、安全及指示信号等。

(2)检查承包商在施工区内的信号的设置和维护工作,如有损坏,应及时补充和维护,以保证安全生产和文明施工。

6. 防火措施方面

(1)严格执行国务院颁布的《中华人民共和国消防条例》,更好地贯彻"预防为主,消防结合"的方针。凡新建、扩建、改建的房建工程,一切安全设施必须按照建筑设计规范规定执行,并做到与主体工程"同时设计、同时施工、同时投产"。

(2)督促承包商把防火工作列入重要议事日程,建立各项防火制度,健全消防机构,开展防火安全检查,及时消灭火灾隐患,保障人民生命财产安全。

(3)检查承包商防火消防器材及设备数量,要求存放地点应明显,易于取用;对消防器材应妥善保管,严禁挪作他用,并定期检查试验。

(4)检查易燃易爆物品的存放与管理,闪点在 45 ℃以下的桶装易燃液体,不得露天存放,不得将生石灰堆放在易燃物品附近。易燃物品仓库应符合《化学危险品管理条例》规定。

(5)检查用火作业区与生活区及建筑物的安全距离(不得小于 25 m)。

7. 季节施工方面

(1)检查冬季施工作业安全措施(在昼夜室外平均气温低于 5 ℃或最低气温低于

-3 ℃时，施工道路，霜雪后脚手架、脚手板、跳板等的防滑安全措施）。

（2）检查冬季混凝土施工的保温措施。

（3）检查汛期的防洪度汛措施计划，并报业主备案。

（4）检查防洪度汛组织机构、人员组成、汛期值班、抢险措施、物资准备和实施情况。

（5）对汛期各施工部位抽排水设备、排水及截水系统进行检查。

（6）检查夏季混凝土的养护措施。

8. 安全生产报告方面

（1）审查承包商的安全生产月报，对报告中有关安全生产情况进行调查、分析、核实后，向业主报告工程项目的安全生产情况。

（2）审查安全事故报告。在生产过程中，承包商凡发生重伤以上的人身事故或损失5万元以上的机械设备事故、坍塌、水火及意外灾害等，均应在事发后3日内，提交专题报告。安全监理工程师接到承包商的安全事故报告后要及时组织现场调查、事故分析，提出处理意见和今后防范措施，编写监理报告，并报业主。报告内容应包括：①事故情况综述；②事故调查分析；③事故处理意见；④今后防范措施。

9. 环境保护方面

（1）按照合同文件要求，检查承包商的环境保护措施和执行情况。

（2）加强对承包商的施工、生活营地及周边环境安全卫生检查（营地应建相应的垃圾池，加强生活垃圾的管理。排水沟应畅通无积水，加强废水排放处理，创造良好的生活环境）。

（3）检查临建设施拆除后的场地清理。

（4）检查在施工区域内未经业主、监理同意乱搭建的房屋设施，并坚决清理。

（5）检查因施工造成的粉尘对环境和人体的影响。

（6）工程完工后，检查承包商按施工合同有关环保条款要求的执行情况。

10. 信息管理方面

（1）对各承包商安全文明生产巡检情况在监理日记中做好日常记录。

（2）每日填写《监理日志》，每星期一报总监理工程师审查。

（3）安全事故发生时，应及时收集各种信息资料，对安全事故的调查情况、处理结果做好相关记录，并提交事故调查报告。

（4）做好各种信息资料的统计工作。

（5）负责编写阶段性（月、年）安全文明生产监理报告。

（6）熟悉和掌握国家、地方、业主、监理部制定的与安全文明生产有关的规章制度。

（7）负责协助项目监理工程师编写监理月报、阶段性监理报告或竣工监理报告中安全文明生产相关内容。

（8）负责草拟与所监理标段的安全文明生产有关的监理通知、复函及其他文件。

（9）参加与所监理标段的安全文明生产相关的生产、技术协调会议。

（10）对在监理过程中形成的所监理标段的所有监理资料进行分类整理，定期装订成册，移交监理部档案室妥善保管。

第三章　监理工作各个阶段的主要工作内容

监理服务具有明显的阶段特征,应结合工程项目组织时效特点将监理服务分解为三个阶段:启动与规划阶段、实施阶段和收尾阶段。阶段划分的目的是有利于管理,使监理服务需开展的计划、决策、组织、沟通、协调和控制等管理活动重点突出、井然有序。

第一节　启动与规划阶段

从签订监理合同、监理人员进场至发布开工令,监理服务进入启动与规划阶段。该阶段的基本任务是组建现场监理机构,组织团队成员掌握发包人对工程建设的各项要求,组织团队成员识别工程的内、外部环境,约束条件,资源情况。监理服务范围围绕如何实现工程目标开展监理活动,这些活动表现为一系列的项目监理规划工作,具有明显的项目事前控制管理特征。该阶段主要工作任务如下。

一、熟悉工程设计文件和承包合同文件

(1)全面熟悉工程承包合同文件:包括发包人应提供的条件,合同双方义务与责任,工程量清单和评标过程中的补充、澄清与承诺等特别条件。

(2)熟悉工程标准:包括合同技术条件、技术规范、质量检验标准、工程招标文件、设计文件和相关基准数据。

(3)熟悉合同工期目标:包括关键路线、控制性阶段与关键工程项目进展目标、分年进度计划与分项工程施工进度计划。

(4)通过阅读与分析,对合同文件中存在的差错、遗漏、缺陷等问题进行记载与查证,作出合理的解释,提出合理的处理方案。

二、监理质量体系文件的编制

根据工程建设监理合同文件和监理工程项目的实际情况,完善监理质量保证体系建设和质量体系文件的编制并报发包人批准。

三、审查、签发初期开工项目设计图纸

按工程承包合同文件规定,审查和签发首批开工项目设计图纸,供承包人实施。

四、督促承包人建立健全质量保证体系

(1)督促承包人按工程承包合同文件规定建立健全质量保证体系,其质量目标要保证承包工程质量满足合同技术条款、技术规范以及设计技术文件要求。

(2)督促承包人组建专门的工程质量管理组织,落实资源(人员、设备、环境)投入和

满足质量控制要求的现场实验室、施工测量队等质量检验机构。

五、核查承包人的质量保证资源资质

(1)核准承包人的质量保证体系、组织管理网络和质量管理制度。

(2)审查承包人的试验检验、施工测量等机构资质。

(3)审查承包人的施工质检、试验、测量及特种作业等人员的上岗资质。

六、督促承包人建立健全安全、环保及文明施工管理保障体系

(1)核准承包人的施工安全、文明施工及环境保护的管理保障体系。

(2)督促承包人按承包合同文件规定,建立施工安全、文明施工及环境保护的管理机构和责任体系。

(3)督促承包人设立专职施工安全、文明施工与环境保护管理人员,专门负责施工过程中的安全、环保及文明施工的检查、指导和管理,及时掌握施工进程中的安全、环保事项并报告监理。

七、审批承包人提交的施工组织设计

督促承包人按工程承包合同文件规定,在合同工程开工前或合同文件规定的期限内完成合同工程施工组织设计文件编制或补充编制,并审查批准。

八、复核、验收施工控制测量成果

(1)组织现场测量控制点的交桩工作,审批承包人提交的控制网或加密控制网布设与地形图测绘的施测方案。

(2)督促承包人按合同文件规定,在发包人提供的基准控制点基础上,完成施工测量控制网布设与必需的开工前原状地形图测绘。测量监理工程师对实施测量过程进行旁站监理,并通过必要的校测完成对控制测量成果的审查和验收。

(3)组织测量监理工程师的独立复测,向发包人提供监理人复测的测量资料。

九、审批施工安全措施计划

(1)在工程项目开工前,审批承包人按国家有关部门关于施工安全的法令、法规和承包合同文件规定,编制施工安全措施和施工作业安全防护规程手册。

(2)在工程项目开工前,对承包人内部组织的安全作业措施和安全防护规程手册的学习、培训及教育情况进行检查。

十、审批文明施工与环境保护措施

在工程项目开工前,督促承包人按工程承包合同文件规定,编制文明施工与环境保护措施,并在报送监理批准后严格实施。

十一、施工环境与开工条件调查

(1)对工程项目开工前应由发包人提供给各标承包人的工程用地、施工营地、施工准备和技术供应条件进行调查。

(2)对可能阻碍工程按期开工的影响因素提出评价意见和处理措施报发包人决策。

十二、检查发包人提供的开工条件

检查、监督发包人按工程承包合同文件规定,落实合同支付资金筹措、工程预付款支付、工程用地提供、施工图纸供应及其他应由发包人提供的条件,以满足初期工程开工的基本要求。

十三、开工前承包人准备情况核查

(1)督促承包人对发包人提供的施工图纸、基准数据进行必要的复核与现场核查。

(2)督促承包人落实组织机构、资源调配、劳动力整合和管理体系建设。

(3)督促承包人做好施工准备和首批开工分部分项工程项目施工措施计划编报。

十四、承包人进场施工设备的检查

(1)检查承包人进场施工设备是否满足工程开工所必需的数量、规格、生产能力、完好率、适应性及相关设备配套要求,并核查是否符合投标文件的承诺。

(2)对经检查不合格的施工设备,督促承包人检修、维护或更换并撤离工地。

(3)经检查合格的施工设备,应为工程施工专用,承包人未征得监理人同意,所投入的施工设备不得中途撤离工地。

十五、承包人进场材料的检查和质量检验

(1)检查工程开工所必需的材料准备,确保进场材料满足施工所必需的储存量。

(2)检验开工准备材料是否符合技术品质和质量标准的要求,杜绝不合格材料。

十六、发布合同工程开工令

根据工程承包合同文件规定,在各项施工准备工作检查合格后,按合同文件规定的时限经发包人批准后,发布合同工程开工令。

第二节　实施阶段

从正式发布开工令至工程竣工,监理服务进入实施阶段,该阶段监理服务主要工作任务如下。

一、编制监理细则

依据工程建设合同文件,以监理规划为指导适时完成分项工程、工序监理实施细则、监理表式和规章性监理文件的编制,并在监理服务中下达执行。

二、认真抓好工程总进度计划的制订

承包人按规定将向监理工程师提交施工总进度计划及施工组织设计,为保障监理审查职责的有效履行,需特别注意以下问题,以达到对工程总进度科学控制的目的:

(1)监理工程师必须对各参建单位之间、各阶段活动单元之间错综复杂的衔接关系进行统筹和协调,批准以工期目标为主线,包括前期准备、设计、采购、施工、竣工验收等有关活动和工作在内的总体控制计划(国际合同称为基线计划,具有合同效力)。

(2)要保证进度计划落实,必须有符合实际情况的措施作保证。措施应先进合理并具有适应变化的安排,从而使整个建设活动衔接、井然有序,保证预期目标的实现。

(3)监理工程师在制订工程总控制网络计划并审批承包人的进度计划时,应把合同总工期作为总控制目标,对目标进行科学分解。注重纵向按时段控制,横向按项目控制,尤其对关键线路上的工序和活动必须严格监督与管理。

三、严格控制工程进度

监理工程师进度控制主要通过审查批准计划、督促承包人执行计划及对进度偏差实施监控等活动实现,应避免代替承包人制订计划或实行管理。因此,监理工程师为保障工程进度控制符合合同要求,必须做好以下工作:

(1)认真审批施工组织设计文件:督促承包人在工程开工前遵守合同规定按时提交施工组织设计供监理工程师审核批准。

(2)对送审的施工组织设计报告,监理工程师应注重施工方案、方法、措施以及施工机械设备配置等分析研究。应注重关键路线的可行性研究,提出审核意见,必要时向承包人提出调整的建议和要求。

(3)及时审批月施工进度计划:督促承包人在规定日期递交下月施工进度计划和当月进度计划执行情况报表,监理工程师应在限定时效内认真审查,及时发出批准、调整修订或否决等指令。

监理工程师审查月施工进度计划主要应达到以下目的:

①确保工程进度的合理性,以达到周保月、月保季、季保年、年保总进度。

②预先了解工程进度控制关键点的时空变化,做到心中有数,防患于未然。

③提前掌握承包人要求发包人尽快提供的材料品种、规格、数量,资金筹措额度,设计图纸供应、技术交底等需求,协调参建各方的综合进度,确保工程月计划按时完成。

④协助承包人及时发现进度计划上的问题,对承包人在进度安排上可能发生的违约行为,及时提出调整变更意见,必要时发出整改警告。

(4)监理工程师应适时掌握进度计划执行情况,做好以下工作:

①监督承包人各单项工程计划的具体落实,检查月施工进度计划执行情况。

②绘制单项和总体工程实际进度图表,建立各单项工程机械配备、劳动力投入等台账,采集与工程形象进度相对应的工程影像信息。

③当施工进度缓慢时,应及时分析原因,督促承包人采取改进施工方法、充实人员、调

配机械等措施使计划符合合同要求。当工程出现严重延误合同工期风险时,应及时提出赶工、快速跟进等措施的详细报告,供发包人决策。

④当出现超计划或承包人拖工期风险时,监理工程师应及时分析原因,必要时发出适当控制工程进度的指令。

四、把好材料准入和试验检测关

为了严格控制原材料质量,监理工程师应采取以下手段:

(1)对承包人在工程项目中使用的钢筋、钢板、水泥、外加剂等材料,都必须提交生产厂家材质证明等资料报监理工程师审查认可。

(2)对于大宗的外购材料,如钢筋、外加剂等,生产混凝土用的砂、石、水泥等原材料和混凝土,均应要求承包人严格按规定的方法、标准进行检验,并将测试结果报监理工程师审查。

(3)监理工程师应对承包人报送的检验资料进行分析,对承包人的测试数据进行抽查检验,必要时向外委托检验。

(4)经常深入现场随时抽样检验,以确切掌握每个时期材料的质量情况,发现问题及时通知有关单位进行处理。

五、坚持质量标准,加强现场质量控制

为强化工程质量控制,监理工程师日常工作的主要精力和大部分时间都应用于现场工程质量的监督、管理、服务和协调上,着重做好下述五项工作:

(1)监理人员应深入现场加强现场控制,随时掌握工地施工动态,及时发现和解决现场出现的一切问题(如质量、进度、安全等)。把握所监理项目的每一道工序,坚持"七不"原则,即:

①材料、人力、机具、检验等准备不足不准开工;

②未经试验和检验的材料不准使用;

③未经批准的图纸和变更的设计不得施工;

④未经批准的施工工艺不准采用;

⑤前道工序(特别是隐蔽工程)未经检查验收,后道工序不准进行;

⑥不合格工程和手续不健全项目不予计量签证;

⑦未经计量的工程项目不予支付。

对于出现的特殊情况,应经研究后特殊处理。

(2)建立严格的现场质量登记和检查验收制度。为有效控制工程质量,及时了解工程质量管理运行状况,除在监理内部做好现场施工记录(监理日志)、各种监控图表、质量信息储存以及发出各种指令等工作制度外,还应根据工程特点、各个单项工程技术要求、试验方法及施工工艺,编制各种质量登记和检验测试表格,供承包人使用,并要求承包人按照一定的规定程序进行检查验收,做到有章可循。

(3)加强工序检查,严格检验基础工程质量。监理工程师在整个施工过程中的现场质量控制,主要包括对每一单项工程开工前的检查、施工中各工序的监督抽查和结束后的

跟踪复查。一般情况下，监理人员要对工程作业不定时、不定点地抽查。对于隐蔽工程主体混凝土和重要部位，则应加强各工序的追踪检查，签证把关。

(4)在主体工程混凝土浇筑前，按合同及规范规定，认真检查作业面的各项准备工作，包括基础清理、钢筋绑扎、模板支护及各种预埋件的埋设等。检查工作分承包人自动“三检”和监理工程师复检两部分进行，如发现不合格品，应督促承包人及时改正和补救，事前避免和防止不合格品的出现。

(5)监理工程师应始终坚持对质量要求的高标准，对已出现的质量问题，监理工程师应坚决纠正。凡能采取补救措施的质量问题，监理工程师应积极帮助承包人及时进行补救。对于较重大的质量问题，则应坚持原则，该返工的必须返工，坚决杜绝不合格品的出现。

六、把好计量关

(1)预先做好计量的一切准备工作，认真熟悉施工图，开工前逐项复测或监督测量原始地貌，建立数据储存系统，经常深入现场逐项查勘核实。

(2)规范承包人计量申报计算方法、统一单位、报表内容和方式等。在每月的计量核查中，监理工程师应逐一详细审查承包人计量申报的计算资料及相关辅助资料，必要时到现场逐项检查，力求准确核定实际完成工程量。

(3)对原始资料不全及不符合质量要求的计量报表，监理工程师一律不予签署，经双方签署的工程量才是监理工程师已经接受、认可的结算审核工程量。

七、把好支付关

监理工程师在付款签证工作中，必须坚持“先计量后付款”的原则和价款结算质量签证制度。对承包人上报的支付申请报告应认真核对，根据合同要求逐项审核相关单价、合价和费率，对属实部分予以确认，对超报、虚报等不实部分予以退回。核准合同规定的预付款、扣款、追加款、保证金和政策性调整费用等，按工程项目逐项统计合同完成投资额、已完成投资额、剩余投资额等投资控制指标。

由于各种原因，如客观条件变化、新技术应用等引起的工程变更，往往会发生新增单价项目。若合同文件规定承包人可重新编制单价分析表，监理工程师应对承包人重新编制的单价分析表进行审批。承包人在申报新增单价时，一般有偏高倾向，因此监理工程师在审核前，必须熟悉施工过程、合同条款、国家政策和变更原因等情况。在与发包人、承包人双方分别协商后核准新增单价项目进入合同，作为新增项目单价的结算依据。

计价支付是监理工程师对工程投资进行控制的重要环节，要求监理人员在造价管理工作中及时准确地掌握工程进展情况，确保审核付款结算依据可靠，工作作风严谨、廉洁、公正，力争造价管理做到公平、合理，使合同双方均能接受。

八、把好变更、索赔关

正确处理“变更与索赔”，是控制工程投资的一个重要内容，因此监理工程师应做到：

(1)严格控制工程变更所引起的工程量的变化，并且尽可能地将变更工程量控制在专用合同条款所规定的比例范围内。

(2)在招标阶段认真做好设计招标图的审查工作,严格控制工程施工时新增项目的数量。

(3)充分了解施工区域的工程条件,及早提出对策,避免由于不利自然条件所引起的工程重大变更。

(4)加强预见性,凡是发包人不能按时向承包人提供条件的,建议发包人签订合同时留有余地,尽量不违约。

(5)对项目相互干扰,影响施工的,做好协调工作,避免停工索赔。

(6)对发包人造成的暂停、中止合同可能引起的索赔,积极安排承包人进行其他项目的施工,减少索赔量。

(7)对必须索赔的,要严格审查,按合同规定补偿。

九、促进设计优化

监理工程师应了解设计意图,并根据现场水文、地质条件,发挥监理自身专业配套和技术与经济密切结合的优势,自始至终支持和促进设计优化工作,从而达到加快施工进度、节省工程投资的目的。

在明确以上基本工作方法后,各工程项目监理工程师可以结合具体工程的特点和项目管理的特点,充分发挥专业特长和优势,进行创造性的工作,不断提高工作水平。

十、施工安全检查

(1)在工程施工过程中,监理对施工安全措施的执行情况应进行经常性的检查。与此同时,还应派遣人员(包括施工安全监理人员)加强对高空、用电以及其他安全事故多发施工区域、作业环境和施工环节的施工安全检查与监督。

(2)每年汛前,协助发包人审查设计单位制订的防洪度汛方案,检查施工承包人的防洪度汛措施,编写防洪度汛报告。及时掌握汛期水文、气象预报,协助发包人组织安全度汛大检查,做好安全度汛和防汛防灾工作。

(3)根据合同文件规定和发包人授权,参加施工安全事故的调查和处理。

十一、施工环境保护

(1)在施工过程中,督促承包人按工程承包合同文件规定,做好施工区域之外的附着物和建筑物保护并使其维持原状。

(2)对施工活动区域之内的场地,督促承包人采取有效措施,防止发生水土流失、土壤冲蚀、河床和河岸的冲刷与淤积。

(3)督促承包人按工程承包合同文件规定,将工程施工弃渣、废渣、废料以及生产和生活垃圾运至指定渣场,并按要求进行处理。

(4)施工用水应尽量循环利用,必须排放的施工弃水、生产废水和生活污水以及施工粉尘、废气、废油,均应按合同规定进行处理,达到排放标准后方准予排放。

(5)督促承包人按工程承包合同文件规定,对施工过程以及施工附属企业中噪声严重的施工设备和设施进行消音、隔音处理，或按监理机构指示，控制噪声时段和范围，并对施工作业人员进行噪声防护。

(6)进入现场的材料、设备必须放置有序，防止任意堆放器材杂物阻塞工作场地周围的通道和影响环境。

(7)工程完工后，督促承包人按工程承包合同文件规定，拆除发包人不再需要保留的施工临时设施，清理场地，恢复植被和绿化。

第三节　收尾阶段

从工程移交至缺陷责任期终止，监理服务进入收尾阶段，该阶段的主要任务如下。

一、确定合同工程验收依据

(1)工程承包合同文件，包括技术规范、达标投产办法等。

(2)经监理审核签发的设计文件，包括施工图纸、设计说明书、技术要求和设计变更文件等。

(3)国家或部颁发的现行设计、施工和工程竣工验收规程、规范，工程质量检验和工程质量等级评定标准，以及工程建设管理法规等有关文件。

二、单位工程验收

(1)单位工程验收的条件：当某一单位工程在合同工程竣工前已经完成建设并具备独立发挥效益条件，或发包人要求提前启用时，应进行单位工程验收，并根据验收要求或继续由承包人照管与维护，或办理提前启用和单位工程移交手续。

(2)验收报告审查：进行单位工程验收应按工程承包合同规定期限，督促承包人提交单位工程验收申请报告，并随同报告提交或准备下列主要验收文件：

①竣工图纸：包括基础竣工地形图，工程竣工图，工程监测仪器埋设图，设计变更、施工变更和施工技术要求；

②施工报告：包括工程概况，施工组织与施工资源投入，合同工期和实际开工、完工日期，合同工程量和实际完成工程量，分部分项工程施工和变更情况，施工质量检验、安全与质量事故处理，重大质量缺陷处理，以及施工过程中的违规、违约，停工、返工记录等；

③施工期试验、质量检验、测量成果，以及按合同要求进行的调试与试运行成果；

④隐蔽工程、基础工程、基础灌浆工程或重要单元、分项工程的检查记录和照片，基础工程还包括应取的芯样和土样；

⑤单元、分项、分部工程验收签证和质量等级评定表；

⑥基础处理及竣工地质报告资料、已完建报验的工程项目清单；

⑦质量与安全事故记录、分析资料及其处理结果，施工大事记和施工原始记录；

⑧发包人或监理根据合同文件规定要求报送的其他资料。

上述文件须随同验收申请报监理预审，通过预验后供工程验收委员会查阅。

(3)监理工作报告：结合工程验收要求，参考阶段验收工作报告内容进行编写。

(4)单位工程的验收:监理接受承包人报送的单位工程验收申请报告后,在工程承包合同规定的期限内完成对验收文件的预审预验,并在通过监理预审预验后及时报告发包人,限期完成单位工程验收。

三、合同工程完工验收

(1)合同工程完工验收条件:当合同项目全部完建并具备完工验收条件后,承包人应及时向监理申报完工验收,在通过完工验收后限期向发包人办理工程项目移交手续。合同工程完工验收具备的条件包括:

①工程已按合同规定和设计文件要求完建;

②单位工程及阶段(中间)验收合格,以前验收中的遗留问题已处理完毕并符合合同文件规定和设计文件要求;

③各项独立运行或运用的工程已具备运行或运用条件,能正常运行或运用,并已通过设计条件检验;

④完(竣)工验收要求的报告、资料已经整理就绪,并通过监理预审预验。

(2)验收申请报告:进行合同工程完(竣)工验收的工程在承包合同规定的期限前,承包人要向监理提交工程完工验收申请报告,并随同报告提交或准备下列主要验收文件:

①合同工程完(竣)工报告:包括工程概述,合同工期和工程实际开工、完工日期,合同工程量和实际完成工程量,施工过程中设计、施工与地质条件的重大变化情况及其处理方案,已完建工程项目清单等;

②竣工图纸:其中包括图纸、目录及相关说明;

③各阶段(中间)、单位工程验收鉴定书与签证文件;

④竣工地质报告(含图纸)及竣工地形测绘资料;

⑤完(竣)工合同支付结算报告;

⑥必须移交的施工原始记录及其目录:包括检验记录、安全监测记录、施工期测量记录,以及其他与工程有关的重要会议和活动记录;

⑦工程承包合同履行报告:包括重要工程项目的分包选择及分包合同履行情况、工程承包合同履行情况,以及有关合同变更、索赔处理等事项;

⑧工程施工大事记;

⑨发包人或监理依据工程承包合同文件规定要求承包人报送的其他资料。

上述文件须随同验收申请送监理预审,在通过预验后供验收委员会查阅。

(3)验收申报的审查:监理接受承包人报送的申请验收后,对于认为不符合完(竣)工验收条件或对报送文件持异议的,在规定时限内通知承包人;否则,应按时完成预审预验,并在通过预审预验后及时报送发包人限期组织和完成工程完(竣)工验收。

(4)监理工作报告:在工程完工验收进行之前,监理应完成合同工程项目完工验收监理工作报告,其内容应包括:

①监理工程项目概况:包括工程特性、合同目标、工程项目组成及施工进展等;

②工程监理综述:包括监理机构,工作程序、方式与方法,以及监理成效等;

③工程质量监理过程:包括工程项目划分,过程控制,质量检验,质量事故及缺陷处

理,以及单位、分部、单元工程的质量检查与检验情况等;

④施工进度控制:包括合同工程完成工程量、工程完工形象、合同工期目标控制成效、监理过程控制等情况;

⑤合同支付进展:包括合同工程计量与支付情况、合同支付总额及控制成效;

⑥合同商务管理:包括工程变更、合同索赔、工程延期以及合同争议等情况;

⑦工程评价意见;

⑧其他需要说明或报告事项。

(5)完工后的工程资料移交:工程通过完(竣)工验收后,督促承包人根据工程承包合同文件及国家、部门工程建设管理法规和验收规程的规定,及时整理其他各项必须报送的工程文件、岩芯、土样以及应保留或拆除的临建工程项目清单等资料,并按发包人或监理的要求,向发包人移交。

四、工程项目移交

(1)签发工程项目移交证书:监理按工程承包合同规定,在合同项目通过工程完工验收后,及时通知、办理并签发工程项目移交证书。

(2)工程移交后的照管责任:工程项目移交证书颁发之后,照管工程的责任由发包人或其委托的营运单位承担。

五、工程缺陷责任期管理

(1)工程缺陷责任期起算日期为工程项目移交证书指明的移交日期。

(2)缺陷责任期监理工作主要包括:

①督促承包人按时完成工程移交证书所列的未完工项目,并为此办理支付签证;

②督促承包人及时修复已完工程项目所发生的施工质量缺陷,对发生严重质量缺陷而无法修复部位予以重建;

③督促承包人按合同文件规定或监理指示,完成应向发包人移交的工程和工作资料的整编与移交;

④在承包人未能在合理的时间内执行监理指示时,建议发包人雇用他人承担此项工作,同时协助发包人向承包人索回发包人为雇用他人完成这部分工作所发生的费用,并为此办理支付签证。

(3)缺陷责任期的延长:如果属于承包人合同责任的原因,导致已完工程项目必须进行部分或全部工程设备的更换,或进行部分或全部重建,或合同文件规定的其他事项,则监理在与发包人和承包人协商后,做出相关工程项目缺陷责任期延长的决定,并为此颁发缺陷责任期延长证书。

(4)缺陷责任期终止:缺陷责任期满,并且承包人已按工程承包合同文件规定完成其必须完成的工作,监理在接受承包人缺陷责任期终止申请报告,并在通过检查和检验后,及时办理并签发部分或全部合同工程项目缺陷责任期终止证书。

第四章　建设工程项目投资控制

第一节　建设工程项目投资控制概述

一、投资控制的原则

在施工阶段，监理工程师担负着重要的投资控制任务。做好投资控制是实现投资目标的重要手段。投资控制是多方面的，除节约投资，控制新增工程、新增项目外，它还与进度、质量、安全生产、文明施工控制密切相关。因此，投资控制应遵循以下原则：

(1)确保工程提前或按期完工、按期投入运行是工程投资控制的最大经济效益，充分体现了“时间就是金钱”。

(2)确保工程质量，以减少质量事故、杜绝工程返工、确保工程正常运行，是工程投资控制的主要内容之一。

(3)搞好安全生产、文明施工，保证人员、设备、工程安全，是节约工程投资的重要途径。

二、工程投资控制监理的依据

(1)建设工程招标文件及合同主要协议条款。

(2)中标通知书。

(3)投标书及其附件。

(4)建设工程施工合同。

(5)工程设计图纸、设计说明及设计变更、洽商。

(6)工程施工组织设计(施工方案)和业主、监理工程师的指令性签认文件。

(7)市场信息价格。

(8)分项(分部)工程质量报验认可单。

(9)合同双方商议的工程项目建设预结算管理办法。

(10)国家和本地区有关经济法规和规定。

三、合同投资的构成

合同投资就是指完成该合同所需要的资金额。合同投资的构成，按投资与合同的关系划分，可以分为合同内项目所需资金、合同规定的调差所需资金、合同外项目所需资金。合同内项目是指合同图纸和工程量清单内包括的项目，这些项目的单价在合同签订时就已确定，列在工程量清单中的量是估算工程量，支付工程量则是根据合同技术规范确定的计量原则对现场实际实施的工作进行计量得出的。调差就是依据合同规定的调差公式，根据合同实施过程中实际使用的资源情况和合同规定的有关机构发布的调差系数计算出来的金额。合同外项目是指合同执行过程中发生的不包括在招标图和工程量清单内,也不属于调差支付范围内的所有项目,如变更、索赔等。投资控制也就是在合同执行过程中,对这三个方面所需资金的控制。

第二节 监理对工程项目投资的控制方法

一、工程投资控制的主要内容

(1)严格造价、测量、计算、统计、结算手续,坚决杜绝假报、虚报、冒领、提前结算、超结算等现象。根据工程实际情况严格审查单价构成,合理确定单价;根据设计图纸文件,复核计算设计工程量;通过仪器等测量手段,根据规程规范规定的允许范围,每月、每年对完成的工程量进行收方计量;根据测量、计算和统计结果对竣工图纸进行审查确认,确保工程款结算准确无误。

(2)审核施工组织设计和施工方案,严格审查施工措施费以及按合理工期组织施工。根据批准的施工总进度和承包合同价,协助发包人编制投资控制性目标及各期的投资计划,并及时审查承包人的月、季、年用款计划。

(3)审查设计图纸和文件,审查承包人的施工组织设计和各项技术措施,深入了解设计意图。在保证工程质量和安全的前提下尽可能优化设计和简化施工方案,减少工程量,降低工程成本,达到节约工程投资的目的。

(4)做好承包人完成工程量的量测和复核工作。如在基础开挖前对实际地形进行测量,对设计量进行校核,有差别时及时通知设计及承包人,并报发包人备案。在开挖过程中每月对实际开挖断面进行复测,控制好工程进度款的结算,避免提前结算或超结算。在开挖完成后对实际断面进行测量,计算出超欠挖总量、属于规范允许或由于地质原因形成的超欠挖量,合理结算。

(5)掌握工程进度,准确测定工程量,严格审核承包人提交的工程结算书,确保工程款支付与工程形象进度的一致性。

(6)了解设计意图,熟悉设计图纸,分析合同价格的构成因素,找出工程最易突破投资的部位,以明确投资控制的重点。

(7)督促承包人严格执行合同,避免或减少合同外工程量。对合同外工程或合同变更,要进行严格审查,做好技术、经济的比较,防止投资的不合理增加。

(8)及时了解掌握施工现场的情况,沟通发包人与承包人间,以及承包人之间的联系,及时解决施工中出现的一些问题,有预见性地避免或减少索赔事件的发生。一旦发生索赔事件,则要实事求是地、公正地予以处理。

(9)合理确定标底及合同价,熟悉合同文件,熟悉国家和地区性价格政策,了解价差补偿的规定,合理进行工程款结算。严格执行结算、付款的有关程序和制度,防止资金的不当支用。

(10)严格控制工程变更和新增项目,组织相关单位审查确认工程变更及新增项目的可行性、合理性和必要性。

(11)提倡、鼓励优化设计、优化施工,推广新技术、新材料、新工艺,加快工程进度,提高工程质量,节约工程投资。

(12)通过质量价格比选,合理确定材料生产供应厂家。

(13)因国家物价调整及工程变更的不可避免性,对投资控制采用动态的方法,绘制工程进度与费用控制曲线,利用进度与费用曲线进行动态管理。

(14)定期向发包人汇报工程结算及资金使用情况,并报送相关文件。

二、投资控制措施、方法

(1)组织措施:建立健全监理组织,完善职责分工及预算、统计、结算制度,落实投资控制的责任。成立由总监或部门主任牵头的投资控制小组,小组中有专门负责投资控制的人员,所有小组成员要清楚地了解各自的任务和职责。

(2)技术措施:

①设计阶段:推行限额设计和优化设计,设计阶段的投资控制最为关键。

②招投标阶段:合理确定标底及合同价格。

③材料设备供应阶段:通过质量价格比选,合理确定生产供应厂家。

④施工阶段:通过审核施工组织设计和施工方案,合理开支施工措施费以及按合理工期组织施工,均衡生产,避免不必要的赶工费。

(3)经济措施:除及时进行计划费用与实际支付费用的比较分析外,监理工程师对原设计或施工方案提出的合理化建议一旦被采用,由此产生的投资节约,应予以其一定的物质奖励,鼓励合理化建议。

(4)合同措施:按合同条款支付工程款,防止过早、过量的现金支付。全面履约,减少索赔的条件和机会,正确处理索赔等。

三、工程计量与支付

对于投资的控制,除上述工作外,现将对现场计量、支付签证和设计变更这三部分中与费用控制最为密切的内容作进一步的阐述和说明,具体控制内容如下。

(一)计量

1. 合同工程量

对合同工程量清单中所规定的各项工程量,监理工程师将严格按照合同中计量与支付条款对已完成的、质量合格的工程签发付款凭证,同时还要在现场进行实地测量,避免工程量尤其是明挖工程量发生差错。

2. 新增工程量

审核承包人提出的新增工程项目、实物量和单价费用要求,并向发包人提交审查意见。对这部分工程量,监理将按照合同内容,征得发包人的书面确认或按照已形成的有关协议进行计量。

3. 设计变更和工程索赔

在实际施工过程中,施工条件及自然条件的改变可能会导致设计变更和工程索赔,并最终导致工程费用的变化。为此，监理将从合同条款、技术规定方面入手严格计量工作，其具体的控制办法将在设计变更方面进行说明。

4. 附加工程量

工程实践表明，除合同中已有明确规定的相应工程的工程量外，在施工过程中，还有可能产生一些附加工程量，其内容包括：

(1)因安全需要而增加的工程量；

(2)合同中未明确或遗漏或含糊，但经各方认定其合理而应予以支付的工程量；

(3)施工中因某些品种、规格的材料短缺而经批准允许承包人进行材料代换时，所带来的工程量的变化。

对上述工程的计量，监理将采用不同的方式来区别处理。

对于因安全需要而增加的工程量(承包人正常的安全支护除外，如某工程基坑开挖爆破需要对附近一座办公大楼做防护处理)，监理工程师将首先从技术和合同责任上分析是否需要，然后与各方一起商定安全所需的防护形式、范围、数量等，最后以正式通知的形式明确所能给予支付的工程量并报发包人。对于突发性安全问题，监理工程师必须在现场紧急处理(如地下工程将有塌方冒顶危险时采取的果断措施)，可以事后补办手续。当安全问题所需的工程量较大，超越了监理工程师可以掌握的范围时，应按合同规定呈报发包人。

对于因某些品种、规格材料(该类材料一般指发包人供应的材料)短缺而经批准同意承包人采用材料代换而引起的工程量的改变，原则上在事前监理将提请发包人和设计人员注意，并得到书面认可，据此加以计量。

(二)支付

1. 工程量清单项目的支付

对合同工程量清单内的支付项目，将按下列程序进行审核、签证并报发包人审查后支付：

(1)组织测量、试验和其他有关专业，对承包人报送的月支付申请报表进行工程量的核定、工程质量情况证明及相关资料的检查认定。

(2)根据核定的工程量，逐一审查支付工程项目细目是否在合同支付范围内。

核定落实后，按照合同中计量与支付条款进行计价，经总监理工程师签发后呈报发包人进行支付工作。

2. 合同外支付

对于所有的合同外支付，监理按照合同的内容，征得发包人的书面确认或按照已形成的有关协议来进行处理。

(三)工程变更

工程变更对投资的影响较大，变更原因一般有施工及自然条件等的改变而由设计方提出的变更，应承包人的要求降低某项工作的施工难度而采取的变更等，工程变更一般都会带来新增项目及新增单价以及工程量方面的变化。

1. 新增项目的确认

根据合同及工程量报价单中已有的工程项目，来确认变更后的项目是否属于新增项目。如果不属于新增项目,在价款的支付上,将按照已有的工程量报价单中相近的单价进行支付。如果属于新增项目,首先还是从工程量报价单中寻求相似的单价,如无相似的单价,将另作新增单价进行处理。

2. 新增单价

对于新增单价的编制,监理工程师将按照合同中已有的价格水平和取费标准,根据承包人的施工措施,首先确定一个单价,然后分别同发包人和承包人协商并征得发包人的同意,纳入合同,作为支付的依据。

3. 工程量的增减

因设计变更而导致的工程量的变化,应先把设计提供的工程量按合同中的工程项目进行分配,计算相应工程项目工程量的增减变化幅度,然后按照合同中的相应条款进行处理。

对于应承包人的要求降低其某项工作的施工难度而采取的变更,将根据现场实际情况并在征求发包人意见的基础上,以不降低施工质量、不延长工期及不增加费用的前提下严格控制。对承包人的方案的改变(包括承包人的施工次序的改变,原则是不能随意改变的,但在某些特殊情况下,为满足工程进度的需要,而必须改变承包人的方案),监理将会同发包人、承包人一起,从技术上对承包人的新方案加以论证,并指出可能发生的费用变化。在与各方取得一致意见后,监理将以书面的形式予以发布,防止因承包人的方案的改变而产生不合理费用。

四、投资控制工作程序

监理工程师对投资控制的工作程序如图 4-1 所示。

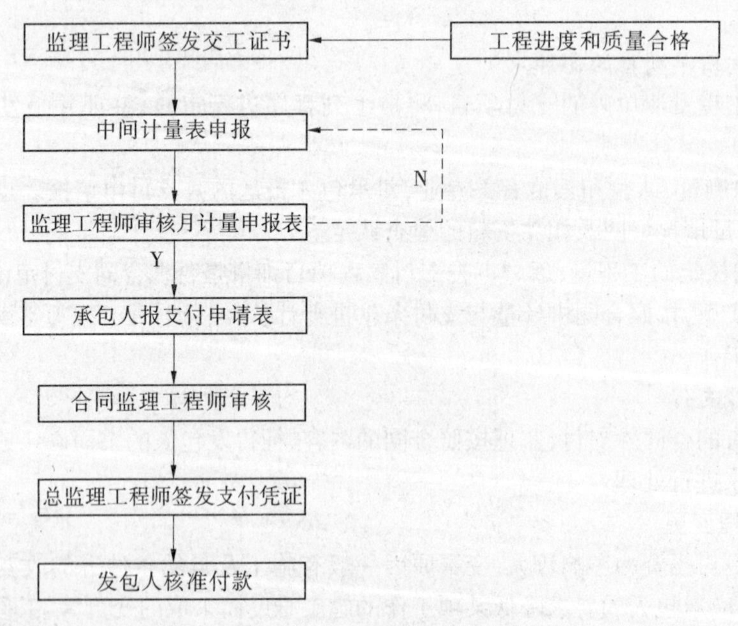

图 4-1　监理工程师对投资控制的工作程序

第五章　建设工程项目进度控制

第一节　建设工程项目进度控制概述

一、进度控制的原则

进度控制的原则是先根据工程合同要求，制定出工程的总进度目标，编制出工程进度网络图，然后将合同工程进度分解为年度计划进度、季度计划进度、月计划进度、周计划进度，以季度计划进度确保年度计划进度，以年度计划进度确保合同工程总计划进度。

二、施工阶段进度控制的主要任务

施工阶段进度控制的主要任务是：协助业主编制工程控制性总进度计划；审查承包人报送的整个工程或单项工程施工进度计划；对进度计划的实施进行监控；对施工进度计划的偏差进行分析，采取措施进行纠偏或提出修改进度计划的建议；受理工期索赔申请，提出索赔处理意见；向业主编制进度月报或其他专题进度报告等。

（一）协助业主编制工程控制性总进度计划

1. 编制依据

控制性总进度计划依据建设工程合同文件所确定的合同工期总目标、工程阶段目标、承包人应具备的施工水平与能力、施工布置、施工方案、施工资源配置、设计文件供给计划、工程设备加工订货周期、现场施工条件以及业主提供条件等各项条件和要求进行编制。

2. 工程控制性总进度计划编制

监理部应在整个工程项目开工前，协助业主完成控制性总进度计划编制。在工程施工过程中，监理部应结合施工进度和实际施工条件，并以实现合同工期的有效控制为目标，随工程施工进展对控制性进度计划不断予以优化、调整和完善。

3. 工程控制性总进度计划的作用

控制性总进度计划经业主审定后，将作为审查承包人施工总进度计划、制订业主资源供应计划以及对工程项目施工进度实施控制的基础性文件。

（二）施工进度计划的审查

在整个工程项目开工前，监理部应监督承包人随同施工组织报送施工总进度计划。在单项工程开工前，监理部应监督承包人随同施工措施计划报送施工进度计划。在项目施工过程中，监理部应监督承包人按月报送月度施工进度计划，应在建设工程合同规定的期限内完成对施工进度计划的审查。

监理部应以工程控制性总进度计划为依据，对施工进度计划进行认真审查，审查的主要内容应包括：

(1)施工布置、施工组织、施工方案与施工技术措施对工程质量、合同工期与合同支付目标控制的影响。

(2)施工进度计划对实现合同工期和阶段性工期目标的响应性与符合性。

(3)重要工程项目的进展及各施工环节逻辑关系的合理性。

(4)关键线路安排的合理性。

(5)施工资源(包括技术工人组合、施工设备、施工材料与供应条件等)投入的保障及其合理性。

(6)对业主提供条件(包括设计供图、工程用地、主材供应、工程设备交货、奖金支付等)要求的保障及其合理性。

(7)其他审查的内容。

当施工进度计划涉及对合同工期控制目标的调整或合同商务条件的变化或可能导致业主支付能力不足等情况时，监理部作出批准前应事先征得业主的批准。

(三)施工过程中的进度控制

1.施工进展的检查与协调

(1)监理部应督促承包人依据建设工程合同文件规定的合同总工期目标、阶段性工期控制目标和报经批准的施工进度计划，合理安排施工进展，确保施工资源投入，做好施工组织与准备，做到有序作业、均衡施工、文明施工，避免出现突击抢工、赶工局面。

(2)监理部应督促承包人建立施工进度管理机构，设立进度管理工程师，做好生产调度、施工进度调整等各项工作。切实做到以安全施工促工程进度，以工程质量促施工进度，确保合同工期目标的按期实现。

(3)监理部应密切注意施工进度，控制关键路线项目各重要事件的进展。随施工进展，逐周、逐月检查施工准备、施工条件和施工进度计划的实施情况，及时发现、协调和解决影响工程进展的外部条件和干扰因素，促进工程施工的顺利进行。

2.赶工(或加速)施工指令

由承包人的责任或原因造成施工进度严重拖延，致使工程进展可能影响到合同工期目标的按期实现，或业主为提前实现合同工期目标而要求承包人加快施工进度时，监理部应根据建设工程合同文件规定，发出要求承包人加快工程进度或加速施工的指令(如国内某特大型水利工程为实现截流后第一年大坝拦洪标准由百年一遇提高到三百年一遇而向国际承包商发出了加速施工指令，并且实施了这一指令)，督促承包人作出工期调整安排、编制赶工措施报告，报送监理部批准，并督促其执行。

3.施工进度控制记录

监理部应编制和建立各种图表，用于对施工进度控制和施工进展情况的记录，以随时对工程进度进行分析和评价，并作为进度控制和合同工期管理的手段。

(四)施工进度计划调整

由于各种原因，施工进度计划在执行中必须进行实质性修改时，监理部应监督承包人按建设工程合同规定的期限事先提出修改的施工进度计划，并附有修改的详细说明，报送监理部审批。必要时，监理部可以按建设工程合同文件规定，直接向承包人提出修改指示，要求承包人修改、调整施工进度计划并报监理部批准。

（五）进度控制情况报告

监理部应在监理月报中按月向业主报告工程进展和进度控制措施的执行情况，并尽可能提出有关的合理化建议。

第二节　监理对工程项目进度的控制方法

一、进度控制措施和方法

（一）进度控制措施

（1）组织措施：落实进度控制的责任，建立进度控制协调制度。

（2）技术措施：建立多级网络计划和施工作业计划体系，采用新工艺、新技术，缩短工艺过程时间和工序间的技术间歇时间。

（3）经济措施：对工期提前者实行奖励，对应急工程实行较高的计件单价，确保进度款及时支付等；必要时，在综合分析承包人的财务状况后，可以采用财务支持。

（4）合同措施：按合同要求及时协调有关各方的进度，以确保项目形象进度。

（5）其他措施：

①以质量促进度，以安全保进度。

在工程施工中由于质量而影响到进度的例子比比皆是，质量是进度的保证和基础。从工序质量控制入手，对施工方法、工艺实施层层控制，把好工程质量关，避免返工或补强处理，避免附属设施因质量问题而影响主体投入和运行，有益于促进工程进度。“没有质量就没有数量”，所以进行进度控制时绝对不能放松质量控制。

②督促承包人采取合适、先进的施工方法与工艺，加快工程进度。

③加强混凝土的施工质量控制，避免出现处理及返工现象，从而达到以质量促进度的目的。

④加强机电设备安装施工质量控制，对各类管道进行严格检查，确保安装质量，防止渗漏而进行的反复处理。

⑤加强设备的出厂前质量控制，避免出现质量事故而影响安装和投产。

⑥督促承包人加强现场施工安全管理，加大安全生产投入，以工程安全来保证工程进度。

⑦优化设计、简化施工，加快施工进度。优化设计、简化施工，不但能减少工程投资，还能加快施工进度，有利于保证质量和安全。

⑧根据进度计划审查施工组织设计中的原材料供应手段、拌和生产能力、运输设备、吊运设备及风、水、电的供应等是否满足生产高峰期的需要，以避免先天性的不足。同时，简化施工方案，尽可能地采用较先进的、便于施工操作的技术和设备，以提高人员和设备效率，减少设备维修时间和成本，保证生产进度。

⑨与设计人员共同研究在不影响工程等级、质量、安全、结构要求的前提下优化设计，减少工程量，简化施工，以加快工程进度。

⑩加强承包人之间的进度协调。

工程项目建设将分为多个标段施工，承包人在施工过程中在空间、时间、交叉作业等方面干扰较大。监理工程师要协助发包人组织好各承包人之间的协调衔接，尽可能地减少各承包人之间的矛盾，减少施工干扰，使工程正常、有序进行。

⑪制定奖罚制度，促进进度。

奖罚制度是目前我国工程建设中一种行之有效的经济措施。制定奖罚制度最重要的在于奖惩落实和公平，不得以罚代管，充分树立起发包人及监理工程师的威信，充分调动和增强承包人的积极性与责任心。

（二）进度控制具体方法

1. 单项工程控制

在施工总进度和各合同工程的施工进度计划确定后，各单项工程（包括单位工程、分部工程和分项工程）的工期控制是首先要考虑的。单项工程工期以月为单位进行控制，必要时以周为控制点。每周、每月检查各单项工程的资源投入情况和施工进展情况，了解其中存在的问题或干扰，督促承包人按计划施工，对影响单项工程进展的因素进行分析、研究并及时加以解决或提出可行的合理措施提请发包人解决，协助承包人消除已经存在或可能存在的干扰。同时，定期将单项工程的进展情况反映到网络计划中，以分析对单个合同工程进度的影响，便于施工总进度的统一协调。在施工总进度统一协调后，通过单个合同过程的进度控制将信息反馈到单项工程中，指导单项工程按计划施工，以保证施工进度阶段性控制目标的实现。

2. 工序控制

在没有较大的不可预见因素时，应监督承包人按照既定的程序分工序执行，避免无计划工序对施工造成干扰和冲突，影响工程进展。

3. 施工资源投入的控制

监理工程师将随时根据批准的施工方法说明或施工措施计划对投入每个单项工程的施工资源进行检查，包括数量、质量、状态和运行状况。对单个合同工程的所有资源也进行同样的检查，审查其是否符合投标时的承诺。如发现资源数量不足、质量降低或运行效率下降，并且影响了批准的施工进度计划，监理工程师应起草分析报告提交给发包人，督促承包人采用切实可行的方法改善资源的投入状况。对于赶工需要投入的附加资源，也将采用同样的方法进行监督。

4. 形象面貌控制和工程量控制

根据施工总进度计划，编制各单项工程的形象进度图，将实际施工进展反映到形象进度图中，便于直观地分析比较和控制，形象进度图同时也要报送发包人。

根据施工总进度计划，编制各合同工程的分项工程量（比如开挖、混凝土、灌浆等）的工程量柱状图或曲线图，以控制工程量完成状况，实现既定目标。

5. 综合分析报告

在审查各合同工程的施工进度计划、检查和督促承包人的进度计划的实施及进行进度的信息反馈、整理、分析与纠偏活动的基础上，在需要的情况下，将合同工程施工过程中遇到的有利因素和不利因素进行分析与比较，把已经采取的、准备采取的建议或措施，以及对工程进展的潜在影响因素和对施工项目的进展预测等编制成报告，由总监理工程师审查后提交给发包人并通报给各现场工程师，便于更好地相互配合工作，进行进度的监控与协调。对于超出监理工程师控制范围的问题，必须呈送发包人，请发包人协调和决策。

6. 综合协调和进度优化

监理工程师在进度监控过程中，将密切注意各合同工程之间的施工干扰，对已经出现的干扰采取必要的措施进行协调。对预测到的干扰，将在对施工总进度计划进行分析的基础上，力争采取调整各合同工程之间的施工程序的方法优化进度计划，最大限度地减轻直至消除这些干扰，以提高各合同工程的施工效率，避免进度受到不利影响。

7. 协助发包人提供施工必需的条件

协助发包人做好物资供应进度计划，提醒甚至督促发包人按期向承包人交付施工场地、发包人提供的材料、设备和现场的交通道路、供电和供水并保证质量合格，供应充足。对于施工必需的设计文件，将按设计文件的管理进行供给计划的管理，防止因设计文件的供给不及时造成施工的延误。

二、进度控制程序

监理工程师对进度控制的工作程序如图 5-1 所示。

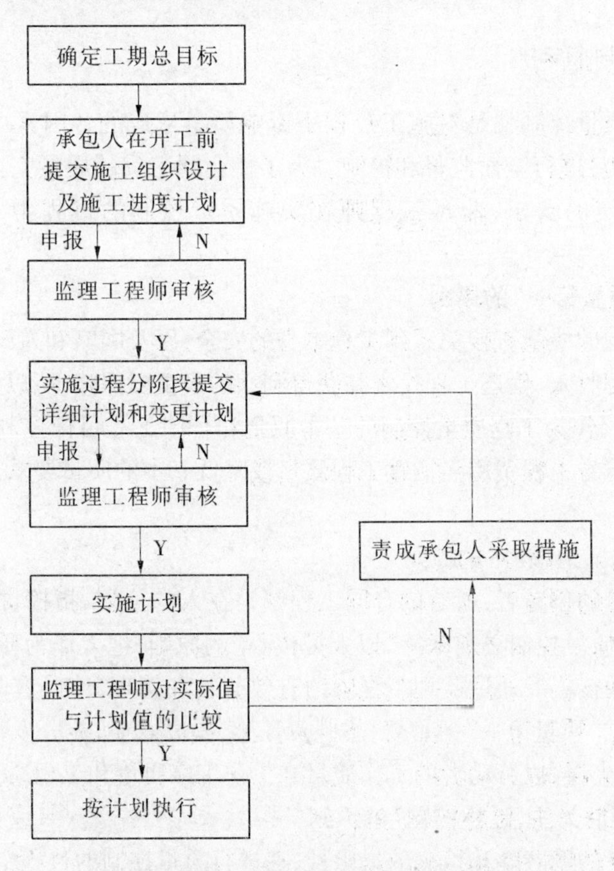

图 5-1 监理工程师对进度控制的工作程序

第六章　建设工程项目质量控制

第一节　建设工程项目质量控制概述

一、质量控制的基本依据

监理部在监理工作实施过程中应严格按照以下依据进行质量控制:

(1)建设工程合同文件及其技术条件与技术规范。

(2)国家或国家有关部门颁发的法律与行政法规。

(3)经监理部签发实施的设计图纸与设计技术要求。

(4)国家或国家有关部门颁发的相关技术规程、规范、质量检验标准及质量检验方法。

二、质量控制原则

施工阶段的质量控制就是对施工过程中影响质量形成的各因素(人、机械、材料、工艺方法和施工环境)进行全面监督和控制。为了使合同工程的质量完全达到国家标准和施工合同文件规定的要求,监理工程师在实施质量控制的过程中,将严格遵循以下原则。

(一)坚持“质量第一”的原则

由于合同工程的质量直接关系到工程本身的安全,以及国家和人民生命财产的安全,是发包人取得工程收入、偿还工程投资并获得利润的最重要保障,所以监理工程师应自始至终把“质量第一”作为工程质量控制的基本原则和合同工程目标控制的最高原则,决不能为了抢进度或节省工程费用而牺牲工程质量或降低基本的质量要求,造成质量缺陷,留下安全隐患。

(二)坚持“以人为核心”的原则

人是工程质量的创造者,所有的合同工程都是在人的策划、指挥、操作和监督下实施和完成的。因此,质量控制必须坚持“以人为核心”的原则,把人作为质量保证的核心,作为提高质量水准的核心。通过监理工程师的有效监督和管理,使所有与合同工程建设有关的工作人员树立“质量第一”的思想,增强责任感,提高素质,充分发挥人的积极性和创造性,避免人为的失误,以劳动者的工作质量来保证工序质量和工程质量。

(三)坚持“预防为主,过程控制”的原则

由于工程质量的隐蔽性和检测的局限性,在进行质量控制的过程中,监理工程师应重点做好事前控制和事中控制,认真细致地进行施工工艺和措施计划的审查,严格执行工作质量、工序质量和中间产品的检查验收标准。通过控制过程质量和工序质量,最终实现合同工程的质量目标。

(四)恪守“质量标准”的原则

质量标准是评价工程质量的尺度,是保证工程质量的基本要求。因此,监理工程师在进行工程质量的控制时,必须按照国家标准和施工合同文件规定的要求进行原材料、构配件、施工工序、半成品和成品的质量检查,以检查的数据为依据并对照质量标准进行质量状况评价。绝不能因降低质量标准而留下安全隐患,或无原则地提高质量标准而增加合同费用或影响工期。

(五)遵循“科学公正”的原则

监理工程师在监督、控制和处理质量问题的过程中,应尊重客观事实,尊重科学,采用科学的方法进行检验和试验,以检查的数据为依据进行质量评价。通过认真细致的分析,找出质量问题产生的原因,采用科学的手段有针对性地对影响质量的各种因素实施控制。

三、质量影响因素分析

影响工程质量形成的主要因素有人、机械、材料、工艺方法和施工环境。

(一)人的因素

人的因素对工序质量的影响主要是操作人员的质量意识、遵守操作规程与否、技术水平、操作熟练程度等。对人的因素的控制措施是:严格质量制度,明确质量责任,进行质量教育,提高其责任心;建立质量责任制,进行岗位技术练兵;严格遵守规程,加强检查等。

(二)机械因素

对工序质量起影响的机械因素主要是机械的数量和性能,所以采取的控制措施是有一定数量的符合质量进度要求的机械和合理地选择施工机械的型式与性能参数,加强对施工机械的维修、保养和使用管理。

(三)材料因素

影响工序质量的材料因素主要是材料的成分、物理性能、化学性能等。控制的措施是加强订货、采购和进场后的检查、验收工作,使用前的试验、检验工作,以及材料的现场管理和合理使用等。

(四)工艺方法因素

影响工序质量的方法因素主要是工艺方法,即工艺流程、工序间的衔接、工序施工手段的选择等。控制的主要方法是制订正确的施工方案,加强技术业务培训和工艺管理,严格工艺操作,合理配合和使用机具,改进操作方法等。

(五)施工环境因素

影响工序质量的环境因素有工程地质、水文地质、水文气象、噪声、通风、振动、照明、污染等。控制的措施主要是创造良好的工序环境,排除环境的干扰等。

在施工过程中,一个质量问题的影响因素多种多样、错综复杂。要找出主要影响因素,通常可以利用因果图(鱼刺图)或关联图进行分析、判断。找出主要影响因素后就可以采取相应的质量控制措施,解决质量问题。

第二节 监理对工程项目质量的控制方法

一、质量控制措施和方法

(一)质量控制措施

1. 对工序活动进行动态跟踪控制

对于重要或关键的工序，监理工程师在整个工序活动中，将连续实施动态跟踪控制。通过对工序成品的检验，判断工序质量的波动状态。对于处于异常状态的工序活动，利用因果图(鱼刺图)或关联图进行分析、判断，查找出影响质量的原因，采取措施排除系统性因素的干扰，使工序活动恢复到正常状态，从而保证工序活动的质量及成品的质量。工序活动的跟踪控制程序如下：

(1)以监理工程师批准的施工措施计划、施工工艺说明、质量保证措施和监理工作程序为基础，确定工序质量的控制计划。

(2)进行工序分析，分清主次，控制重点。选定重要的、关键的工序，或根据其他工程监理控制的经验确定经常发生质量问题的工序，掌握这些工序的状况和可能存在的问题，确定改善质量的目标，分析影响工序的因素，明确支配性的主要因素，针对支配性的因素制订对策计划，并加以落实。在此基础上将支配性要素纳入控制的重点，并按照标准的规定实施重点的管理。

(3)在施工中对工序进行全过程的跟踪检查，监督承包人的各项作业活动，密切注意施工程序和工艺安排的变化，发现问题及时进行纠正，直到使监理工程师满意。如果承包人对存在的问题不采取有效的措施加以解决，监理工程师将采用发布暂停施工指令的方式予以解决。每道工序完成之后，严格工序间的交接检查，只有在监理工程师检查确认其质量合格后，才能进行下一道工序的施工，隐蔽的工程才能覆盖。对这些工序，监理工程师将建立施工质量跟踪档案，对施工的过程和监理工程师实施的质量控制活动进行完整全面的记录。记录的内容包括施工依据的设计文件和技术规范、监理工程师对质量控制活动的意见和承包人对这些意见的答复或反馈、试验报告、质量合格证、质量检查验收签证单、不合格项的报告和整改指令以及对不合格项处理的情况等。施工跟踪档案将作为工程档案保留，作为评价、查询和了解工序质量情况及工程维修、管理的资料与信息。

2. 设置质量控制点，对工程质量进行预控

为了保证工序的质量，监理工程师将确定一些重点的控制对象、关键部位和薄弱环节作为质量控制点，事先分析可能造成质量问题的因素，再针对主要因素制定对策措施进行控制。质量控制点的设置根据各分项工程的特点，抓住影响工序施工质量的主要因素。在工程的质量控制中，下列对象作为质量控制点：

(1)施工过程中的关键工序、环节或隐蔽工程。

(2)施工中的薄弱环节，或质量不稳定的工序、部位或对象。

(3)对后续工序施工或后续工程质量或安全有重大影响的工序、部位或对象。

(4)采用新技术、新工艺、新材料的部位或环节。

(5)施工上无足够把握、施工条件困难或技术难度大的工序或环节。

对于合同工程的质量控制，将选择人的行为、物的状态、材料的质量和性能、关键的操作、施工技术参数、施工程序、易发生或常见的施工质量通病、易对工程质量产生重大影响的施工方法以及不利地质条件下的结构和施工等作为质量控制点。

3. 严格进行施工过程的质量检查

在工程的施工过程中，监理工程师将不断地进行现场巡视，加强现场的监督与检查。对重要的工序进行全过程的跟踪检查，保证施工过程中的任何工程对象始终全面地处于监理工程师的监控之下，确保工程质量，避免导致工程质量缺陷或质量事故。在施工过程中监理工程师应严格实施复核性检查：

(1)隐蔽工程在被覆盖前，必须经过监理工程师的检查验收，确认其质量合格后，才允许覆盖，这是防止质量隐患和潜在质量事故的重要措施。

(2)每道工序完工之后，经监理工程师检查认可其质量合格并签字确认后，才能移交给下一道工序继续施工。这样逐道的工序交接检查，一环扣一环，环环不放松，使整个施工过程的质量完全得到保证。

(3)在每个分项工程施工之前，对该分项工程之前已经进行的一些与之密切相关的工作质量及正确性进行复核，检查合格后监理工程师给以书面确认。未经复核或检查不合格或不符合时，不得开始下一个分项工程的施工。

(4)在进行复核性检查时，先由承包人提交有关质量资料，包括工序或隐蔽工程的质量自检记录。监理工程师对照承包人提交的质量资料进行检查、量测或试验等复核工作，符合质量要求的予以书面确认。发现问题，则视问题的大小或严重程度，口头指示或以书面的形式指令承包人改正或返工。

(5)在每个分部或分项工程完工后，监理工程师应监督承包人对已完工的工程采取妥善的措施予以保护。对承包人的成品保护工作的质量与效果进行经常性的检查，以免因成品缺乏保护或保护不善而造成损坏或污染，影响工程整体质量。

4. 行使质量监督权，控制施工质量

在合同工程的施工过程中，当出现下列情况之一时，监理工程师将行使质量监督控制权，下达停工整改指令，及时进行工程质量的控制：

(1)施工中出现质量异常情况，经监理工程师提出后，承包人未采取有效措施进行改正，或改正措施不力未能彻底扭转质量状况时。

(2)隐蔽工程未经监理工程师检查验收确认合格，而承包人擅自覆盖或封闭时。

(3)已发生质量缺陷或质量事故迟迟未按监理工程师的要求进行处理，或者是已发生的质量缺陷或质量事故还在继续发展或将对施工人员、设备或工程本身的安全造成严重危害时。

(4)未经监理工程师的审查批准，擅自变更设计或修改图纸进行施工时。

(5)未经执业操作资格审查的人员或不具备操作资格的人员进入现场施工时。

(6)使用的原材料、构配件不合格或未经检查确认，或擅自采用未经审查认可的替换材料时。

(7)擅自使用未经监理工程师批准的分包商进场施工时。

由于上述原因发出停工指令后，监理工程师应监督承包人进行改正，对整改的情况进行跟踪检查，对整改的效果进行验证。在整改完成并达到监理工程师的要求，经承包人提出复工申请并得到监理工程师的批准后，方可恢复施工。

5. 督促承包人按章作业

监理工程师督促承包人严格遵守合同技术条件、施工技术规程和工程质量标准，按批准的施工措施计划中确定的施工工艺、措施和施工程序，按章作业，文明施工。

6. 加强施工资源投入检查

监理工程师加强对承包人检验、测量和承担技术工种作业人员的技术资质，以及施工过程中施工设备、材料等的检查，以保证施工过程中人力、物力等施工资源投入满足工程质量控制要求。

7. 监理工程师的现场监督

在施工过程中，监理工程师加强现场动态跟踪控制，以单元工程为基础，以工序控制为重点，进行全过程跟踪监督。在加强现场管理工作的前提下对重要部位和关键工序采取"旁站监理"的方式，加强对操作质量的巡视检查。对违章操作、不符合质量要求的要及时纠正，对发现的可能影响施工质量的问题及时指令承包人采取措施解决，必要时发出停工、返工的指令，防患于未然，推进工程施工的顺利进展。

8. 监理工程师的现场指令权

在施工过程中，为确保工程质量，监理工程师有权按工程承包合同文件规定作出指示：

(1)对全部工程的所有部位及其任何一项工艺、材料和工程设备进行检查和检验，包括进入现场、制造加工地点察看，查阅施工记录，进行现场取样试验、工程复核测量和设备性能检测，并要求承包人提供试验和检验成果。

(2)指示承包人停止不正当的或可能对工程质量、安全造成损害的施工(包括试验、检测)工艺、措施、工序、作业方式，以及其他各种违章作业行为。

(3)指示承包人停止不合格材料、设备、设施的安装与使用并予以更换。

(4)指示承包人对不合格工序采取补工或返工处理。

(5)禁止工程转包，拒绝违反工程承包合同规定的分包。

(6)建议、要求直至指令承包人对施工质量管理中严重失察、失职、玩忽职守、伪造记录和检测资料，或造成质量事故的责任人员予以警告、处罚、撤换，直至责令退场。

(7)指令多次严重违反作业规程，经指出后仍无明显改进的作业班、组、队停工整顿、撤换，直至责令退场。

(8)指示承包人按合同要求对完建工程继续予以养护、维护、照管和进行缺陷修复。

(9)行使工程承包合同文件授予的其他指令权。

9. 工程质量缺陷处理

因施工过程或工程养护、维护、照管和不可抗力等自然因素导致发生工程质量缺陷时，承包人应立即提交相应报告，及时查明其范围和数量，分析其产生的原因。监理部将审查承包人提出的缺陷修复和处理措施，批准后监督实施。

缺陷处理的目的是消除缺陷或隐患，以保证工程项目安全正常使用，满足工程项目的功能要求，保证施工正常进行。缺陷处理的方法、步骤如下：

(1)缺陷调查与分析:查阅有关的施工图纸和与施工有关的资料,如材料试验报告、质量检验报告、施工记录。审核承包商缺陷调查分析报告(内容包括:缺陷的描述,观测记录、变化规律;区分缺陷的性质是属于表面性还是实质性,以及是否要及时采取保护性措施;造成缺陷的原因及对工程项目功能、使用要求、施工安全等有何影响;主要责任者的情况)。征询设计、业主对缺陷的处理意见和要求。

(2)审核缺陷处理的方案:承包商根据建设各方对缺陷调查分析的一致意见提出处理方案,其中包括处理的时间、使用的材料、使用的设备、施工工艺及方法等内容。处理方案应经监理机构审核,必要时应送设计会签或报经业主批准。对缺陷的处理要本着实事求是的原则,既不能掩饰,也不能扩大,以免造成不必要的经济损失和工期延误。针对工程的具体情况对无须处理的缺陷,通过分析、论证后也可作出无须专门处理的结论。对缺陷的处理进行控制,及时研究解决新发现的问题。

(3)对缺陷处理作出评价:缺陷处理的检测验收,仍必须按施工验收规范中的有关规定进行,以便对处理结果作出明确的结论。

10. 质量记录与报告

监理工程师在完善自身现场监理记录的同时,应督促承包人做好施工记录,对每班出现的质量问题、处理经过及遗留问题,在现场交接班记录或现场调度记录上详细写明,并由值班负责人签署。为避免引发合同纠纷,对于隐蔽工程详细记录施工和质量检查情况,必要时进行拍照录像或取原状样品保存。

监理工程师应督促承包人根据工程承包合同有关规定和监理的要求,提交竣工地形图、地质编录及必要的影像、取样和试验报告等资料。

监理工程师对工程质量进行经常性的分析,并定期提出工程质量报告和按规定格式编制工程质量统计报表报发包人。

11. 工程质量检验

充分运用监理的质量检查签证的控制手段,对工程项目及时进行逐层次的逐项的(按单元工程、分部分项工程、单位工程等划分)施工质量认证和质量评定工作。及时组织进行隐蔽工程、重要部位、重要工序的质量检查验收和签证工作以及分部分项工程的检查验收工作。

1)一般规定

工程质量检验按单位工程、分部工程和单元工程三级进行。必要时,需增加对重要分项工程进行质量检验。

不合格单元工程必须经返工或修补合格并取得监理工程师认证后,方准予进入下道工序或后序单元工程开工。

2)单元工程质量检验和质量等级评定

单元工程质量检验和质量等级评定应依据《水利水电基本建设单元工程质量等级评定标准》执行,工程承包合同文件技术规范有特别或更严格要求的,按其要求或规定的标准执行。

一般单元工程检验和质量等级评定,由承包人的质检部门组织进行,并报监理工程师签证确认。属于重要部位的隐蔽工程、关键部位(如建基面)和关键工序的单元工程,承包人在自检合格的基础上报监理机构,由发包人或监理工程师组织施工、设计等各方代表联合检查评定。

3)分部、分项工程质量检验

分项工程质量检验应在所有单元工程完工,并经单元工程质量检验合格后进行。分部工程质量检验应在所有分项工程完工,并经质量检验合格后进行。

必须进行中间或阶段验收的工程项目,工程验收在应完工的分部分项工程或其部分工程完工并经质量检验合格的基础上进行。

4)建立三级质量检验制度

在施工过程中,监理工程师督促承包人实行初检、复检、终检三级检验,以及施工作业班组之间的自检、互检、交接班检查制度。

5)监理机构的独立检验与测量

监理工程师按建设监理合同文件规定建立独立的工程质量检验与工程测量机构,对工程质量实行承包人自检和监理机构抽检的双向控制。

监理工程师加强对施工过程中使用的材料、工艺、混凝土配合比以及相关施工参数等的检查、取样和性能检验(包括验证试验、标准试验、工艺试验、抽样试验及验收试验等)。监理的检验频率要求达到监理合同规定的检验频率,并对承包人的实验室设备、仪器、人员资质进行检查和监督。

监理工程师加强对施工控制网、建筑物轴线,以及建筑物体型尺寸、重要控制点高程等施工放线放样的校测或抽样复测,并配合验收审核测量成果。

(二)质量控制方法

为确保合同工程质量符合设计或规范要求,监理工程师将主要采用以下方法对工程的质量进行监督控制。

(1)关键和重要工序全过程的跟踪检查。对施工质量产生严重影响的工序、出现质量缺陷处理难度极大的工序或隐蔽工程等工序的施工过程,如岩石锚杆的插入和注浆、金属结构埋设、观测仪器埋设、混凝土的浇筑等,监理工程师将始终在现场观察、监督与检查,注意并及时发现质量问题的苗头和影响质量因素的不利发展变化、潜在的质量隐患以及出现的质量问题等,以便立即制定措施并实施控制,将可能出现的质量缺陷和质量事故消灭在萌芽状态。

(2)测量检查。采用测量的方法对施工放线进行检查,发现偏差立即纠正。在进行工序的检查验收时,对于位置和几何尺寸有任何偏离的工序,监理工程师需要在指令承包人改正之后再签署验收确认。

(3)采用试验的方法对使用的原材料和构配件的性能与质量、现场配置的材料的配合比、半成品和成品的物理力学性能进行测试,通过具体的试验数据评价和确认各种材料及工程成品的内在品质。

(4)对于承包人的违章或违规作业、现场检查发现的质量问题以及工序或工艺的不当操作,监理工程师将采用发布指令的方式指出施工中存在的问题,提请承包人注意和改正,或向承包人提出要求或发出指示,对于一般性的问题,现场发出口头指示,要求其立即改正并监督执行;对于重要的问题,由项目工程师当场签发书面指令,并作为技术文件存档。如因时间紧迫,监理工程师可先以口头的方式下达给承包人,并在24小时内补充书面指令对口头指令进行确认。

(5)严格要求承包人按规定的质量监控程序进行工序作业检查的申请和验收,确保每道工序的质量都得到监理工程师的检查验收和确认。

(6)如果承包人的质量达不到规定的标准,又不按照监理工程师的指示承担处理质量缺陷的责任或进行有效的处理,使之达到标准的要求,监理工程师将停止承包人的施工作业并报告发包人,并拒绝对不合格的或存在质量缺陷的工程进行计量,停止对承包人支付部分或全部工程款,或建议发包人终止与承包人的施工合同,由此造成的损失由承包人负责。

二、质量控制程序

监理工程师对质量控制的工作程序如图6-1所示。

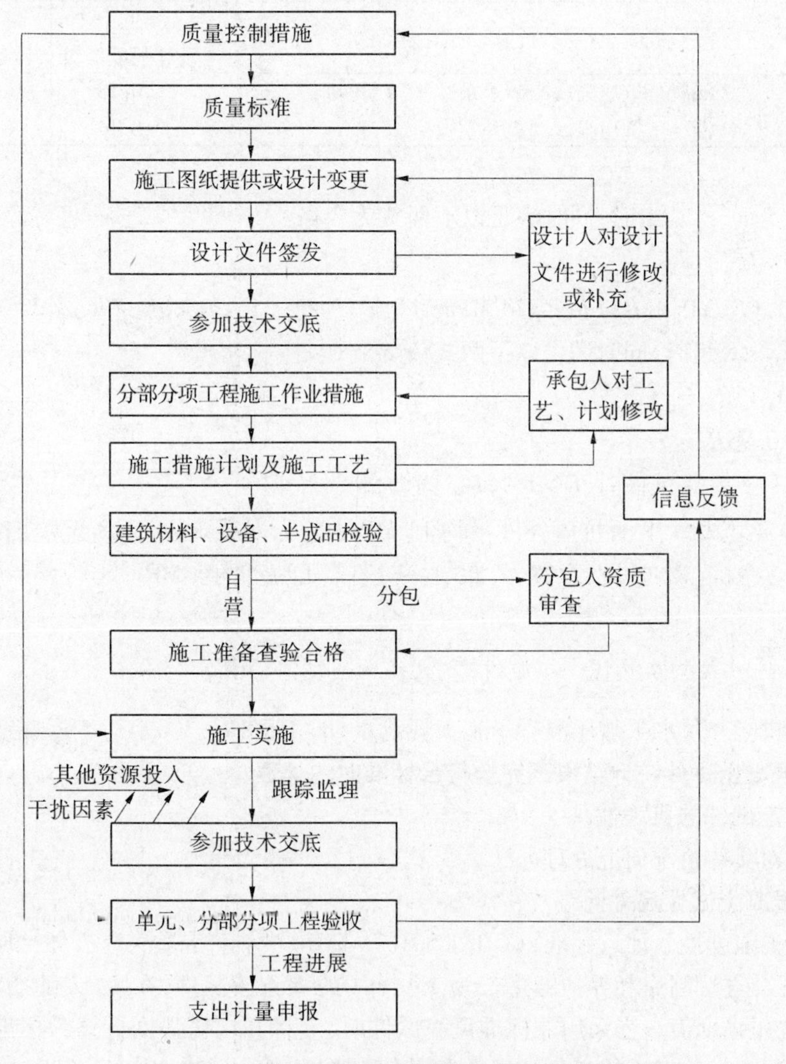

图6-1　监理工程师对质量控制的工作程序

三、混凝土试样质量评定

（一）评定常态混凝土试件质量标准

（1）当$n \geqslant 30$组时，按表6-1进行评定。

表6-1　$n \geqslant 30$组的常态混凝土试件质量标准

项次	项目	质量标准	
		优良	合格
1	任何一组试块抗压强度最低不得低于设计强度等级的百分比	90%	85%
2	无筋（或少筋）混凝土强度保证率	85%	80%
3	配筋混凝土强度保证率	95%	90%
4	混凝土抗拉、抗渗、抗冻指标	不低于设计强度等级	不低于设计强度等级
5	混凝土抗压强度的离差系数<20 MPa	<0.18	<0.22
	混凝土抗压强度的离差系数≥20 MPa	<0.14	<0.18

（2）当$5 \leqslant n < 30$组时，同时满足以下两式为合格：

$$\begin{cases} \overline{R}_n - 0.7S_n \geqslant R_{标} \\ \overline{R}_n - 1.6S_n \geqslant 0.83R_{标}\ (R_{标} \geqslant 20\ \text{MPa 时})\ 或\ \overline{R}_n - 1.6S_n \geqslant 0.80R_{标}\ (R_{标} < 20\ \text{MPa 时}) \end{cases}$$

（3）当$n < 5$组时，同时满足以下两式为合格：

$$\begin{cases} \overline{R}_n > 1.15R_{标} \\ R_{小} > 0.95R_{标} \end{cases}$$

（4）当只有一组试件时，$R > 1.15R_{标}$为合格。

式中：$\overline{R}_n$为n组试件28天抗压强度平均值，MPa；$R_{标}$为混凝土设计28天龄期抗压强度，MPa；$R_{小}$为实测混凝土设计28天最小一组抗压强度值，MPa；S_n为标准差，$S_n = \sqrt{\dfrac{\sum_{i=1}^{n}(R_i - \overline{R}_n)^2}{n-1}}$；$R$为实测任一组试件28天抗压强度值，MPa。

碾压混凝土按《水工碾压混凝土施工规范》（DL/T 5112—2009）第5章规定执行。

（二）混凝土试件统计结果不完全符合标准时的处理

（1）判定试件的代表性。

（2）针对具体情况研究处理办法。

（三）混凝土试件尺寸问题

《混凝土强度检验评定标准》（GB/T 50107—2010）规定，混凝土立方体抗压强度标准是指对按标准方法制作和养护的边长为150 mm的立方体试件，在28天龄期，用标准方法测得的抗压强度值。当采用非标准尺寸试件时，应将其抗压强度折算为标准试件抗压强度。《混凝土结构工程施工质量验收规范》（2011年版）（GB 50204—2002）规定，评定结构构件的混凝土强度应采用标准试件的强度。实际施工中允许采用的混凝土立方体试件的最小尺寸应根据骨料的最大粒径确定,当采用非标准尺寸试件时,应将其抗压强度值乘以折算系数,换算为标准尺寸试件的抗压强度值。

《水工混凝土试验规程》(SL 352—2006)有关混凝土试模尺寸和强度折算系数的规定符合国标规定。因而,水利水电工程混凝土试件取样仍应按《水工混凝土试验规程》(SL 352—2006)执行,即混凝土试模尺寸视骨料最大粒径按表6-2确定(为便于使用,现将表6-2及抗压强度折算系数同列于表中)。

表6-2 试模最小尺寸及抗压强度折算系数

骨料最大粒径(mm)	试模尺寸(mm×mm×mm)	抗压强度折算系数
30	100×100×100	0.95
40	150×150×150	1.00
60	200×200×200	1.05

四、工程外观质量评定规定

(一)水工建筑物外观质量评定标准

(1)建筑外部尺寸允许偏差如表6-3所示。

表6-3 建筑外部尺寸允许偏差

建筑部位	允许偏差(cm)	
闸墩平面尺寸	±5	
过流断面宽度	+3	
浆砌石护岸厚度	+5	-3
混凝土结构件尺寸	+2	-1

(2)轮廓线顺直。15 m内凹凸不平不超过3处,最大值不超过±1 cm。

(3)表面平整度如表6-4所示。

表6-4 表面平整度

项目	表面平整度
主厂房、闸墩	1.5 cm/2 m
箱涵混凝土建筑物顶面	1 cm/2 m
溢流坝面高速水流区	0.5 cm/2 m
溢流坝面低速水流区	1 cm/2 m
浆砌石护坡	2 cm/2 m
混凝土护坡	2 cm/2 m
其他混凝土表面	1.5 cm/2 m

(4)立面垂直度不超过4‰设计全高。

(5)大角方正不超过 ±6(即 ±0.6°)。

(6)曲面与平面连接平顺,评定组现场考评。

(7)扭面与平面连接平顺,评定组现场考评。

(8)马道与排水沟。

①尺寸误差不超过 ±3 cm,无倒坡,排水通畅。

②直段平直,弯道连接平顺。

(9)梯步。

①高度偏差: ±2 cm;

②梯步宽度偏差: ±2 cm;

③长度偏差: ±3 cm。

(10)栏杆。

①混凝土栏杆。

截面尺寸: ±0.5 cm。

平面顺直度:15 m 内最大凹凸 1 cm。

垂直度: ±0.5 cm。

②金属栏杆。

平面顺直度:15 m 内最大凹凸 1 cm。

垂直度: ±0.5 cm。

油漆:色泽均匀,无起皱、脱皮、结疤及流淌现象。

(11)扶梯。

①允许偏差:长 ±3 cm,宽、高 ±2 cm。

②油漆:色泽均匀,无起皱、脱皮、结疤及流淌现象。

③平面顺直度:全长最大凹凸不超过 1 cm。

(12)灯饰。

灯柱间距不超过 ±10 cm,垂直度符合国家标准。

(13)混凝土表面缺陷。

一级:混凝土表面无蜂窝、麻面、挂帘、裙边、小于 3 cm 的错台、局部凹凸及表裂缝等。

二级:缺陷总面积≤3%。

三级:缺陷总面积为 3% ~5%。

四级:缺陷总面积不超过总面积的 5% 并小于 10%,超过 10% 应视为质量缺陷。

(14)钢筋表面割除。

一级:全部割除,无明显凸出部分。

二级:全部割除,少部分明显凸出表面。

三级:割除面积达到 95% 者,且未割除部分不影响建筑功能与安全者。

四级:割除面积 <95% 者。

(15)砌体勾缝宽度、平整度。

勾缝宽度 ±1 cm,平整度 2 cm/15 m。

(16)砌体竖、横缝平直，横缝 1.5 cm/15 m。

(17)变形缝。

一级：缝宽均匀、平顺，止水材料完整，填充材料饱满，外观美观。

二级：缝宽基本均匀，填充材料饱满，止水材料完整。

三级：止水材料完整，填充材料基本饱满。

四级：未达到三级标准者。

(18)启闭机平台梁、柱、排架。

①梁、柱、排架截面尺寸允许偏差 +1 cm，-0.5 cm。

②垂直度 1/2 000 柱高，且不超过 20 mm。

(19)建筑表面清洁情况。

一级：建筑物表面附着物已全部清除，表面洁净。

二级：建筑物表面附着物已清除，但局部清除不彻底。

三级：表面附着物已清除 80%，无垃圾。

四级：达不到三级标准者。

(20)升压变电工程围墙(栏栅)、杆架、塔、柱。

评定组现场考评。

(21)水工金属结构外表面。

一级：焊缝均匀、两侧飞渣清除干净，临时支撑割除干净，且打磨平整，油漆均匀，色泽一致，无脱皮、起皱现象。

二级：焊缝均匀，表面清除干净，油漆基本均匀。

三级：表面清除基本干净，油漆防腐完整，颜色基本一致。

四级：未达到三级标准者。

(22)电站盘柜。

一级：排列整齐，色泽一致。

二级：排列整齐，色泽基本一致。

三级：排列基本整齐，色泽基本均匀。

四级：未达到三级标准者。

(23)电缆线路敷设。

一级：电缆沟整齐平顺，排水良好，覆盖平整。桥架排列整齐，油漆色泽一致，完好无损，安装位置符合设计要求，电缆摆放平顺。

二级：电缆沟平顺，排水良好，覆盖平整。电缆桥架排列整齐，色泽协调，电缆摆放平顺。

三级：电缆沟基本平顺，电缆桥架排列基本整齐。

四级：未达到三级标准者。

(24)电站油气、水、管路。

一级：安装整齐平直，固定良好，无渗漏现象，色泽准确均匀。

二级：安装基本平直、牢固，无渗漏，色泽准确，基本均匀。

三级：安装基本平顺、牢固，色泽准确。

四级:未达到三级标准者。

(25)厂区道路及排水沟。

一级:平面平整,宽度均匀,连接平顺,坡度等符合设计。

二级:表面无明显凹凸,线性平顺。

三级:连接基本平顺,路面无破损。

四级:未达到三级标准。

(26)厂区绿化。

对照绿化设计效果图,评定组现场考评。

(二)房屋建筑安装工程观感质量评定标准

1. 室内外墙面

室内外墙面平整度、垂直度允许偏差如表6-5所示,2 m靠尺检查。

表6-5　室内外墙面平整度、垂直度允许偏差

项目		单位	一般抹灰	水刷石	水磨石	面砖
室内墙面	平整度	mm	4	4	2	2
	垂直度	mm	5	4	2	2
室外墙面	平整度	mm	8	4	2	2
	垂直度	mm	5	4	3	3

2. 室外大角

每个大角至少测两次,允许偏差3 mm/2 m。

3. 外墙面横竖线角

要求横平、竖直,其中横线用肉眼检查,竖线用垂线检查,允许偏差2 cm, 拱线用肉眼检查顺直,无明显偏差。

4. 室内墙面

每个阴、阳角至少测两次,允许偏差3 mm。

5. 地面与楼面

地面与楼面的平整度如表6-6所示,2 m靠尺检查。

表6-6　地面与楼面平整度

项目	单位	一般抹灰	混凝土	水磨石	面砖
平整度	mm	5	10	3	2

踢角线上口平直,允许偏差3 mm/2 m ,缝格平直。

6. 楼梯与踏步

(1)高度允许偏差±2 cm。

(2)宽度允许偏差±2 cm。

(3)长度允许偏差±3 cm。

(4)扶梯垂直度允许偏差≤5 mm。

7. 厕浴、阳台泛水

位置符合设计,排水通畅,无渗漏。

8. 落水管

(1)安装牢固。

(2)连接顺直,接口不漏。

9. 铝合金门窗

(1)开启灵活。

(2)小五金安装牢固、美观。

(3)严密、无缝、牢固。

(4)对角线长≤2 m,允许偏差 2 mm;对角线长 >2 m,允许偏差 3 mm。

10. 玻璃安装工程

(1)平整牢固。

(2)无松动。

(3)无破损。

11. 油漆工程

(1)木纹:木纹清楚为合格;棕眼刮平,木纹清楚为优良。

(2)光泽度:光亮光滑为合格;柔和,无挡手感为优良。

(3)流坠、皱皮:大面无流坠、皱皮为合格;大面及小面明显处无流坠、皱皮为优良。

(4)色泽均匀,无偏刷。

(5)金结部分参照水工标准。

12. 木门

(1)翘曲允许偏差: 推门一、二级≤3 mm, 三级≤4 mm;扇门一、二级≤2 mm, 三级≤3 mm。

(2)对角线长允许偏差:(门、扇) 一、二级≤2 mm,三级≤3 mm。

(3)门缝允许偏差≤2 mm。

(4)门扇对地面间隙缝允许偏差≤7 mm。

13. 玻璃幕墙

(1)幕墙玻璃胶应黏结牢固,达到设计黏结强度,不应有裂缝、老化、松动及脱落现象。

(2)幕墙不渗透。

(3)幕墙材料、色彩、品牌、规格应符合设计要求,色泽均匀,无折破、发霉和脱色现象。

(4)分格玻璃拼缝应横平、竖直,垂直用垂球检测允许偏差≤3 mm,拼缝目测无明显偏差。

(5)缝宽允许偏差 ±1.5 mm,幕墙的隐蔽节点的密封应整齐美观。

14. 室内建筑电气安装

(1)照明线敷设。

一级:线条均匀平顺,接线符合规范,色泽一致,完好无损,开关、插头安装平正牢固。

二级:线条均匀且基本平顺,接线符合规范,色泽一致,完好无损,开关、插头安装基本平正牢固。

三级:线条基本均匀平顺,接线符合规范,开关、插头安装基本平正牢固。

四级:未达到三级者。

(2)开关盘柜。

一级:排列整齐,色泽一致。

二级:排列整齐,色泽基本一致。

三级:排列基本整齐,色泽基本一致。

四级:未达到三级标准者。

15. 上下水管敷设

一级:安装牢固,平、顺、直,色泽一致,连接符合规范,不漏水。

二级:安装牢固,基本平、顺、直,色泽一致,连接符合规范,不漏水。

三级:安装牢固,基本顺、直,连接符合规范,不漏水。

四级:安装牢固,不漏水。

16. 通风

(1)风口与风管的连接应严密、牢固,与装饰面相紧贴;表面平整、不变形,调节灵活、可靠。条形风口的安装,接缝处应衔接自然,无明显缝隙。同一厅室、房间内的相同风口的安装高度应一致,排列应整齐。

(2)风口水平偏差:不应大于3/1 000。

(3)风口垂直度偏差:不应大于2/1 000。

17. 空调

执行国家现行标准。

此质量观感规定,可以根据具体工程要求,由业主、设计、施工、检测、监理共同商议确定。

第七章　建设工程项目合同管理

第一节　合同管理概述

一、合同管理的依据

合同管理的主要依据是合同法律、法规及工程项目的合同文件(协议、招标文件、投标文件、经确认的工程变更文件)等,合同管理必须坚持公正合理、依据充分、数据准确、处置及时的原则。

二、合同管理的内容

合同管理的主要内容是:合同工程量的计量与支付、工程变更管理、索赔管理、分包与转让管理、违约管理、合同争议与调解等。

第二节　监理对施工合同履行的监督管理

一、工程变更管理

工程变更指令由发包人或由发包人授权监理审查、批准后执行。

监理对工程变更审查、批准权限及审批程序受工程建设监理合同文件规定和发包人授权的约束,并依据工程建设监理合同文件和工程承包合同文件规定进行。

(一)工程变更的提出

工程变更可以由发包人、监理工程师提出,也可以由设计单位或承包人提出变更要求和建议,报经发包人或由发包人授权监理按工程承包合同文件规定审查和批准。

当认为原设计文件、技术条件或施工状态已不适应工程现场条件与施工进展时:

(1)发包人或监理可依据工程承包合同文件有关规定发出工程变更指令。

(2)设计单位可依据发包人或监理的要求,或自行根据工程进展提出工程变更建议。

(3)设计单位可依据有关法规或合同文件规定在责任与权限范围内提出对工程设计文件的修改通知。

(4)承包人可依据发包人或监理的指示,或根据施工进展提出对工程施工的变更建议。

(二)监理的工程变更权限

在发包人和工程承包合同文件授权范围内,监理可对工程局部或部分的形式、质量或数量作出变更,并指令承包人执行。工程承包合同文件规定的变更工作包括:

(1)增加或减少合同所包括的任何工作的数量。

(2)省略合同工作或工程项目。

(3)改变合同工程或工作的性质、质量标准或类型。

(4)改变部分建筑物的标高、基线、位置和尺寸。

(5)进行工程完工所必要的附加工作和额外工作。

(6)改动部分工程规定的施工顺序或时间安排。

(三)工程变更的申报

监理按以下主要内容,对承包人(或其他单位)提交的施工变更建议书进行审查。

(1)变更的原因及依据。

(2)变更的内容及范围。

(3)变更工程量清单(包括工程量或工作量、引用单价、单价分析、变更后合同价格以及引起的施工项目合同价格增加或减少总额)。

(4)变更项目施工进度计划(包括施工方案、施工措施、施工进度以及对合同控制进度目标和完工工期的影响)。

(5)为了监理与发包人能对变更建议进行有效审查与批准所必须提交的图纸与资料。

对设计单位提交的工程变更建议书的审查内容,发包人或勘察设计合同未另行规定的,参照上述内容要求执行。

(四)工程变更的申报期限

工程变更指令、通知与建议均在可能实施变更的时间之前提出,并考虑为发包人与监理留有对变更要求进行有效审查、批准,以及工程承包人能进行必须施工准备的合理时间。

在出现危及生命或工程安全的紧急事态等特殊情况下,工程变更可不受程序与时间的限制。但承包人或变更发布单位仍应及时补办有关申报和批准手续。

(五)工程变更的审查原则

监理对工程变更的通知、要求或建议进行审查的原则如下:

(1)变更后不降低工程的质量标准,也不影响工程完建后的运行与管理。

(2)工程变更设计技术可行,安全可靠。

(3)工程变更有利于施工实施,不至于因施工工艺或施工方案的变更,导致合同价格的大幅度增加。

(4)工程变更的费用及工期是经济合理的,不至于导致合同价格的大幅度增加。

(5)工程变更尽可能不对后续施工产生不良影响,不至于因此而导致合同控制性工期目标的推迟。

(6)工程变更对施工工期及工程费用有较大影响,但有利于提高工程效益时,监理需作出分析和评价,供发包人决策。

(六)工程变更的执行

承包人接受监理的工程变更指令后需要做以下工作:

(1)如果这种变更不符合工程承包合同文件规定,或超出合同工程项目或工作项目范围,承包人可以提出签订补充协议与合理补偿,或提出拒绝执行的要求。

(2)如果这种变更超出承包人按合同文件规定应具备的施工手段与能力,或将导致承包人发生额外费用与工期延误,承包人可以提出理由,申报发包人或监理重新审议,或在执行期间提出施工索赔申报。

(七)工程变更的合同支付

除另行签订协议或合同文件另有规定外,按合同文件规定执行监理工程师的工程变更支付决定。

(1)工程项目相同的,按合同报价单中已有单价或价格执行。

(2)合同报价单中没有适用单价或价格的,引用合同报价中类似的单价或价格修正调整后执行。

(3)合同报价中无类似单价和合价或合同报价单中的单价或合价明显不合理或不适用的,经协商确定或由承包人依照合同报价的原则和编制依据重新编制后报送监理工程师审核与批准。

(4)经协商仍不能达成一致意见的,监理工程师有权独立地决定他认为合适的暂定单价或价格,并相应地通知承包人和发包人执行。

工程变更的支付方式与价格确定后,随工程变更实施列入月工程款支付。

二、工程索赔管理

(一)发包人索赔的条件

对于因承包人责任导致发包人受到损失、因承包人原因不得不终止合同,或其他违约行为,发包人可按合同文件有关规定向承包人提起索赔。

(二)发包人索赔的支付

发包人依照工程承包合同文件的规定,在向承包人发出合同索赔(或误期赔偿)通知书后,从承包人到期支付款项或履约保函或保留金中扣抵其索赔费用。

(三)施工索赔的条件

监理仅接受承包人下列合同索赔要求:

(1)因实际施工现场条件与合同明示或隐含的条件相比发生了不利于施工的变化,而这种变化是一个有经验的承包人所无法事前预料与防范,并且因施工现场条件变化导致施工费用的增加或施工工期的延长,未得到合理补偿或合同支付的。

(2)因工程变更超出合同规定范围,或发包人为提前合同完工工期要求加速施工,或发包人提前启用未经移交的工程项目等原因,导致承包人发生额外施工费用,未得到合理补偿或合同支付的。

(3)因执行发包人或监理工程师的指示承担了超出合同规定范围以外的额外工作,导致承包人施工费用额外增加,未得到合理补偿或合同支付的。

(4)属于发包人风险或责任的自然气象、水文条件、地质条件或施工暂停,或施工现场发现古迹、文物、化石等原因,导致施工工期的延误或施工损失,未得到合理补偿或合同支付的。

(5)因发包人未按合同规定提供施工图纸、施工场地、工程材料、工程设备等应由发包人提供的条件,并导致施工延误或施工费用增加,未得到合理补偿或合同支付的。

(6)因发包人或发包人指定的分包单位(包括指定的材料供应单位与设备供应单位)的违约行为,导致施工工期延误或施工损失,未得到合理补偿或合同支付的。

(7)由于国家法律、法令或合同文件明示与隐含的法规文件发生变更,导致施工工期延误、施工损失或必须发生的施工费用增加,未得到合理补偿或合同支付的。

(8)其他因合同明示或隐含的发包人责任与风险,导致施工工期延误、施工损失或发生的施工费用额外增加,未得到合理补偿或已得到的补偿不足以弥补此类损失的。

(四)施工索赔要求的提出

当施工索赔事项被认定发生时,承包人应按工程承包合同文件规定,在该事项第一次发生后的 28 天(或合同文件另行规定的时限)内,向监理提出合同索赔通知并同时抄送发包人。

如果索赔事项的影响继续存在,或其事态仍在发展,承包人应以不长于 28 天的时间间隔,向监理报送间隔期该事态发展的补充报告和补充资料,说明其发展情况,并在索赔事项影响结束后的 28 天内,向监理提交该项索赔的最终报告。

(五)监理拒绝的索赔要求

监理拒绝承包人下列索赔要求:

(1)因承包人在竞标时低价报价所导致的亏损或致使价格显得不合适。

(2)因承包人设计失误或管理不力导致的施工工期延误与施工费用增加。

(3)因承包人或其分包单位的责任,或因承包人与其分包单位之间的纠纷与合同争议所导致的施工工期延误或施工费用增加。

(4)因承包人采用不合格的材料、设备,或施工质量不合格,或发生其他违约或违规作业行为,被发包人或监理指令补工、返工、停工、重建、重置所导致的施工工期延误或施工费用增加。

(5)因承包人责任而发生的工程事故或质量缺陷,导致的施工工期延误与施工费用增加。

(6)索赔事实发生后,承包人未努力、未及时采取有效的补救和减轻损失措施,导致索赔事态扩大的。

(7)因承包人违反国家法律、法令和行政法规行为导致的施工工期延误与费用支出。

(8)由于承包人未按开工指令要求及时开工、施工资源投入不足、施工准备不充分、施工材料供应不及时、施工组织管理不善、施工效率降低或因分包单位实施不力等属于承包人责任而导致的施工工期延误。

(9)由于工程承包合同文件明示或隐含规定属于承包人风险而导致的施工工期延误。

(10)承包人未按合同文件规定的程序、方式与时限申报工期延期索赔要求的。

(11)合同工程中非关键线路工程项目的施工延误,即使这种延误造成关键线路上工程项目受到影响,而由承包人原因造成的。

(12)发包人或监理已决定要求承包人采取加速赶工措施追回被延误的工期,并决定予以经济补偿的。

(13)其他为合同文件明示或隐含的，属于承包人责任与风险所导致的施工工期延误或施工费用增加。

（六）分包单位的索赔要求

分包单位的索赔要求必须向承包人提出。其中属于应由发包人承担的责任或风险而导致索赔事项发生的，应通过承包人按合同文件规定向监理提起。

因承包人责任或风险而向分包单位（包括与其签订供应合同的供应单位）支付的赔偿费用与工期延误的责任由承包人承担。

（七）承包人的索赔报告

为使发包人和监理能有效地对承包人的合同索赔事项及其责任归属进行有效的调查、认可和审核，索赔报告书的内容应包括：

(1)索赔事项的整体描述（包括发生索赔事项的工程项目，索赔事项的起因、发生时间、发展经过，以及承包人为努力减轻损失所采取的措施）。

(2)索赔的合同引证（包括合同依据条款以及对责任和风险归属的分析）。

(3)索赔要求及索赔计算书（包括计算依据、计算方法、取费标准及计算过程的详细说明。要求工期延期索赔的，还应提供工时、工效、关键线路分析和工期计算成果）。

(4)支持文件（包括发生索赔事项的当时记录，发包人或监理指示、签证、认证或相关文件，支持索赔计量的票据、凭证和其他证据文件等的复制件及其说明）。

(5)其他按合同文件规定或发包人、监理要求必须提交的，或承包人认为应予报送的文件与资料。

（八）施工索赔的受理

监理接受承包人的索赔要求后，即进行施工索赔的准备工作并在接受和仔细审阅承包人的索赔报告书后，及时进行下列工作：

(1)依据工程承包合同文件规定，对施工索赔的有效性进行审查、评价和认证，并提出初步意见。

(2)对申报的索赔支持文件逐一进行调查、核实、取证、分析和认证，并提出初步意见。

(3)在对索赔的费用计算依据、计算方法、取费标准、计算过程及其合理性逐项进行审查的基础上，提出应合理赔偿费用的初步意见。

(4)在对承包人工期延期索赔计算书中的工时、工效、工期计划、关键线路分析和工期计算成果审查与合理性分析的基础上，提出工期顺延的初步审查意见。

(5)对由发包人和承包人共同责任造成的损失费用，通过协调，公平合理地就双方分担的比例提出初步意见。

(6)与合同双方协商、协调后，提出本项索赔审查意见，连同索赔报告文件提交给发包人，按工程承包合同文件规定的程序办理支付，或在索赔争议长久未决的情况下，发布总监理工程师的决定意见。

（九）索赔补充文件

在对工程承包人索赔报告文件的评审与认证过程中，监理认为索赔文件不完整，需要承包人补充时，要做以下工作：

(1)要求承包人作出补充解释、说明和提供进一步的支持文件。

(2)对施工索赔理由和引证依据、索赔事项的责任与风险归属重新作出分析与评价。

(3)在对施工索赔报告进行分析、取证与审查,并经与合同双方协商和协调后,提出接受、部分接受或拒绝索赔要求的意见。

(十)监理工程师的决定

在施工索赔争议提起后的84天(或工程承包合同文件另行规定的期限)内,仍未能达成一致意见时,为了维护合同双方的合法权益和促进工程施工的顺利进行,总监理工程师可以按合同文件规定作出自己的决定并通知发包人和承包人。总监理工程师的决定发出的70天(或工程承包合同文件另行规定的期限)内,任何一方均未对此决定表示异议,则总监理工程师的决定自然生效,成为对合同双方具有约束力的关于本次索赔的最终决定。

(十一)索赔争议

合同双方对合同索赔处理或决定意见有异议时,可以做以下工作:

(1)提出进一步的索赔支持材料和索赔引证文件,要求监理修改决定,重新考虑提出方的合理要求。

(2)采纳监理工程师的意见,接受发包人核定的索赔,并声明其保留继续索赔的权利。

(3)按工程承包合同文件规定提起合同争议调解或仲裁。

(十二)最终的索赔权利

对于合同履行过程中有争议或遗留未决的合同索赔,承包人还可以按工程承包合同文件规定做以下工作:

(1)在工程已经完建、工程移交证书已经颁发后,在向监理和发包人递交的竣工报表(完工付款申请)中提出清理或追偿合同索赔的要求。

(2)在工程缺陷责任期满、合同项目缺陷责任期终止证书签发后,在向监理和发包人递交的最终结算报表(最终结算付款申请)中提出最后的合同索赔要求。

第八章　建设工程项目信息管理

第一节　工程信息管理概述

一、工程信息管理基本任务

信息管理的工作任务是:明确项目监理机构的信息流程,完成信息的采集、整理及分析,并利用项目管理软件对信息进行科学有效的管理,为总监理工程师和项目监理机构其他部门及发包人提供及时准确的信息(包括各种定期和不定期的报告与报表),并对原始资料及文档进行分类整理、归档等。

现场监理机构与监理单位总部建立计算机远程通信系统,并按发包人要求管理现场局域网,发布网上信息,进行网上办公,达到信息资源共享。工程信息管理的主要工作任务包括以下几个方面:

(1)在工程项目开工前,完成合同工程项目编码的划分和编码系统的编制。

(2)根据工程建设监理合同文件规定,建立信息文件目录,完善工程信息文件的传递流程及各项信息管理制度。

(3)针对发包人的要求,补充和完善工程管理报表的格式。

(4)建立监理信息文件的编码方式。

(5)建立或完善信息存储、检索、统计分析等计算机管理系统。

(6)采集、整理工程施工中关于工程质量、施工安全、施工环境保护以及随工程施工进展进行的合同支付质量认证和合同商务过程信息,并向发包人反馈。

(7)督促承包人按工程承包合同文件规定和监理工程师要求,及时编制工程报表和工程信息文件并报送给监理部。

(8)按质量监理合同文件规定和发包人要求及时、全面、准确地做好监理记录,并定期进行整编与反馈。

(9)工程信息文件和工程报表的编发。

(10)建立工程信息网和电子文档系统。

二、工程信息管理的内容

做好施工现场监理记录与信息反馈,按要求编制监理周、月、年报,以及有关工程进度、质量、造价等方面的专题报告,做好文件的日常管理。对监理工程项目的设计、施工等工程技术档案资料和图片、录像资料进行收集、整理、保管,使之能在施工期间的任何合理时间内查阅。定期(一般每年末提交,但涉及工程安全、生产安全、质量事故的照片、音像及资料等应及时提交)提交与工程建设有关的照片、资料、报告及音像制品等,由业主单位统一归档。竣工后应将经过整理的工程技术档案资料全部移交业主单位。

强调一切活动必须留有痕迹,有文字记录或摄像、摄影记录,用数据说话。监理部将工程信息划分为设计信息、施工信息、监理信息和业主指示等4类,设立专职文档管理人员进行编码、分类、处理、催办、归档和调阅,同时明确工程信息的传递流程。

根据工程项目建设的特点,将下列信息作为重点,认真做好信息管理工作。

信息是监理控制、管理和协调的基础、依据和媒介。监理部将做好信息的采集、归类整理、加工存储和信息传递工作。

监理工作的信息内容主要包括:

(1)设计进程信息:包括图纸到位的部位、类别、份数、供图计划的执行情况,图纸缺额、急需图纸目录。

(2)基本情况信息:包括承包商进场人数、技术力量、主要负责人情况,以及主要机械设备规格、数量、性能指标、出厂日期、完好程度。

(3)工程施工进度、施工形象信息:包括各部位工程开工时间、进展情况、完成工程量、工程进度形象图表。

(4)施工质量信息:工程材料的质级证明,施工基本情况,工程地质、地基和基础情况,事故发生的时间、部位、处理情况,新技术应用情况等。

(5)合同信息:合同分类明细表、合同执行情况、存在的问题。

(6)财务信息:资金到位情况、支付情况、余额。

认真做好各部门、各部位的监理工作日志,这是最基本、最原始的监理工程信息资料。监理日志必须真实、详尽,字迹清楚,妥善保管,以供查询。

认真做好各种会议记录、纪要或决定,必须文字严谨、含义准确,便于执行检查,这既是重要的信息来源,又是管理、协调的重要依据。对工程重要部位、事故部位、重要会议等进行拍摄,以资查询。

信息的采集要及时准确,传递要迅速,特别是关系工程质量、安全、工程进度的重要信息,要及时反馈上报,严防错、遗、漏,以资得到尽快解决。

信息管理工作程序框图如图8-1所示。

三、文件资料的管理规定

(1)查阅文件:查阅文件仅供监理内部人员查阅。监理人员必须通过文档管理人员按借阅制度进行查阅或借阅。查阅或借阅后应及时交还给文档管理人员,不得私自留存,若因工作需要,可经批准后让档案管理人员提供复印件。

(2)存档文件:存档文件必须保证资料的完整性,文档管理人员绝不允许他人擅自查阅或借阅,否则将追究文档管理人员管理不严的责任。

(3)借阅文件:监理人员不得擅自查取不论是内部的监理资料,还是外单位来文的任何资料。需查阅或借阅资料时,必须通过文档管理人员进行查阅或借阅登记。文档管理人员只能向查阅或借阅资料的监理人员提供“查阅文件”,并限时归还,若未按时归还,文档管理人员必须及时追回。监理人员归还资料时,文档管理人员必须当面及时清点。文档管理人员应认真做好借阅登记工作。

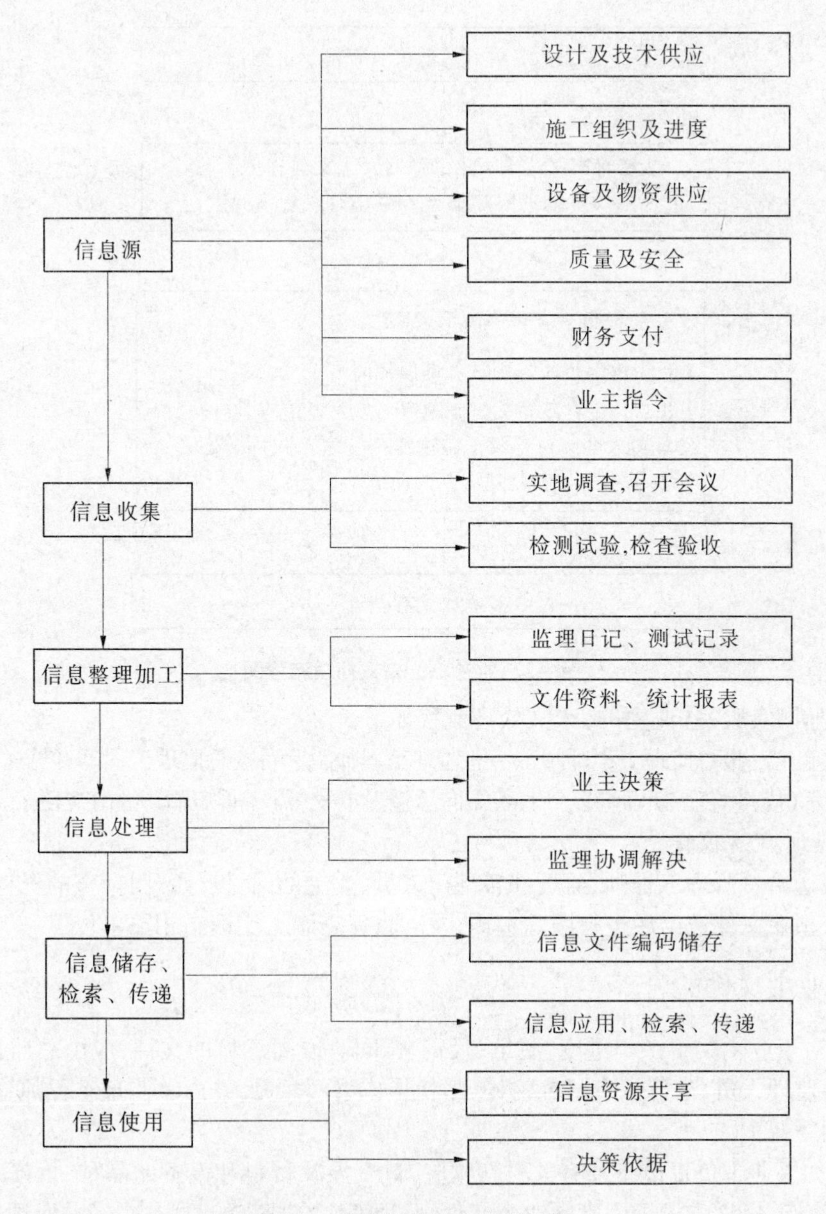

图 8-1　信息管理工作程序框图

(4)保管文件:所有的资料柜必须上锁,下班时必须将资料柜锁好。文档管理人员必须做好资料的管理工作,不允许他人私自开柜找资料。

第二节　业主文件的管理

一、业主文件的处理流程

(1)业主单位来文处理流程图如图 8-2 所示。

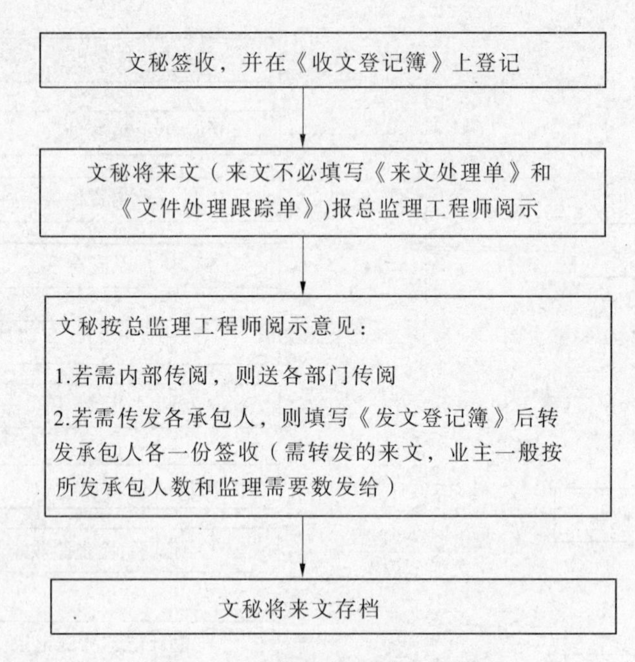

图 8-2　业主单位来文处理流程图

(2)监测实验室(业主的)来文处理流程如下：

签收登记→报总监理工程师阅示→总监理工程师阅示后按总监理工程师意见送质量监理工程师阅示(质量监理工程师阅示后,若需向承包人拟发《监理通知单》,则由文秘按《监理通知单》程序处理)→来文存档。

对报送给总监理工程师、监理部各部门人员、业主部门、设计部门审查的资料,文档管理人员必须在文件送出后进行跟踪追回,及时将审查意见反馈给相关单位。

二、业主文件的管理

(1)对于业主关于工程进度、质量、投资、合同等方面意见的文件,应由总监理工程师召集有关监理人员,进行认真研究讨论,尽快形成书面意见,并由总监理工程师签发,加盖公章后回复业主。

(2)如果业主负责设备及有关材料供应,对于涉及材料和设备的品种、价格、数量、质量、提货地点、提货方式等因素的业主文件,监理部应在规定的时间内,经总监理工程师签发后分别送给各相关单位。

(3)如果业主提供的是有关气象、洪水预报等文件,监理部必须按"急件"立即转发各参建单位。

(4)一般业主文件数量少,且内容涉及的均是工程中重大问题。因此,监理部对业主文件应重点管理,业主文件原则上应复制一份存放在总监理工程师办公室,总监理工程师应落实文件执行情况。

三、业主文件的整编

(1)业主下发的各类文件,装入业主来文资料盒内,可不按查阅文件和存档文件分装，但应建立严格的借阅制度，严加管理，整编与“监理内部资料”相同。

(2)业主转发的设计图纸、设计修改通知，应按内阅文件和存档文件分类装盒，整编与“监理内部资料”相同。

(3)设计图纸应按工程项目分类装盒，一个工程项目的设计图纸应装在一个盒内。

(4)业主下发的各合同标段的招投标文件、合同文件，一般应该每份文件下发4份，一份发至项目工程师供其工作使用，一份由文档管理人员留存，供监理部各部门人员借阅，一份由合同部留存保管使用，一份由总监理工程师留存保管使用。

(5)业主单位转发设计单位的设计修改通知单和设计图纸(包括承包人的设计图纸)，首先应报总监理工程师和图纸审查工程师审阅。待审定后，根据总监理工程师意见分发至相关监理部门和承包人，综合部应存档一份原件，若原件(指设计修改通知单)不够，可分发复印件。

(6)各类设计图纸按工程项目分类装盒整编，一份给总监理工程师留存使用，一份给项目监理工程师留存使用，一份给测量监理工程师留存使用，一份给其他相关部门查阅使用，其余按存档要求留存保管。

第三节　设计文件的管理

设计文件是设计单位提供的用于合同工程施工的设计图纸、施工技术规范、施工质量和工艺标准以及对它们的任何补充或修改等文件，是承包人进行合同工程的施工以及监理工程师开展监理工作的重要依据。

一、设计文件的处理流程

(1)设计单位的《设计修改通知》的签收与转发处理流程图如图8-3所示。

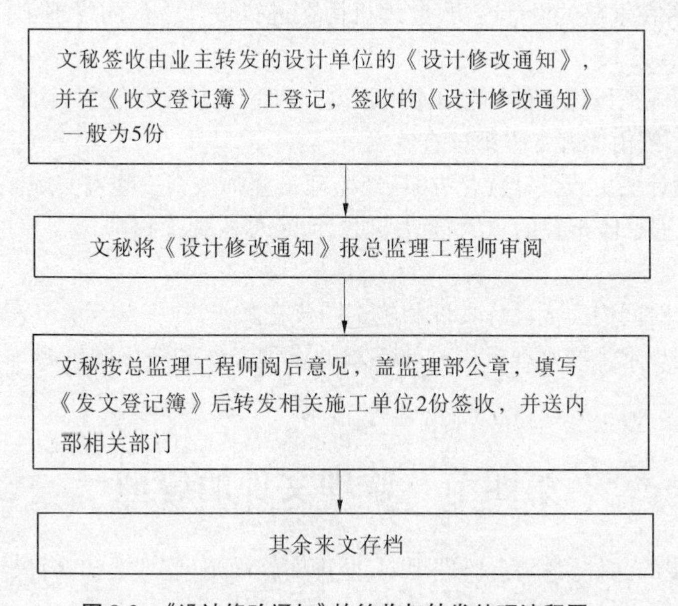

图8-3 《设计修改通知》的签收与转发处理流程图

设计修改通知的签收与转发处理流程如下：

签收登记→传递审查→登记转发→归类存档。

(2)设计单位设计图纸的签收与转发处理流程图如图8-4所示。

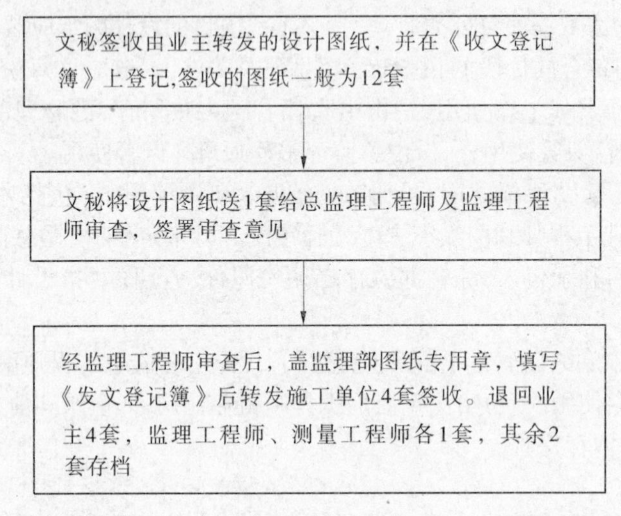

图8-4　设计单位设计图纸的签收与转发处理流程图

二、设计文件的管理

设计文件的管理是监理工程师技术管理的重点。为了使设计单位提交的设计文件满足合同工程的施工和监理工程师检查控制的要求;使承包人和现场监理人员熟悉设计文件,充分了解工程的特点、设计意图和工艺质量要求,以及施工和检查控制的重点与难点;在施工前发现、减少或消除图纸的差错,防患于未然,事先消灭图纸中潜在的质量隐患和可能导致重大潜在索赔的设计变更,监理机构在进行设计文件的管理工作时应重点注意以下事项:

(1)重要的施工设计文件和施工图纸由总监理工程师或其授权人核查签发,其他设计文件和施工图纸由监理工程师核查签发。

(2)一般设计变更或设计优化方案,经监理工程师核查后签发实施。涉及工程进度、质量、费用和工程总体布置的重大设计变更,须经总监理工程师核查并报发包人批准后实施。

(3)在规定时间内完成设计文件和施工图核查工作,并签发给承包人。

(4)按合同规定未经监理机构有效签章的设计文件和施工图纸视为无效文件,拒绝支付签证。

第四节　监理文件的管理

监理部产生的文件资料有:监理规划、监理实施细则、监理通知、会议纪要、函件、监理报告、质量记录等。

一、监理文件的管理

(1)监理文件必须以书面文件形式报经总监理工程师签发,并加盖公章后生效。

(2)凡有时限规定的监理文件,必须按时办理。承包人呈报要求批复的文件,必须在规定期限内批复。

(3)承包人对监理文件有异议时,应在规定期限内向监理机构申请复议,在复议期间原监理文件继续有效。

(4)在紧急情况下,监理人员可以当场签发临时书面指示,随后尽快补发监理机构的正式书面指示。

(5)监理文件资料属于工程建设资料,文档管理人员应妥善保管,不得泄露给无关的第三方,做好资料保密工作。

(6)在监理过程中,文档管理人员应按要求及时向业主报送有关监理文件。

(7)在监理工作结束时,按业主要求的份数向业主移交全套监理文件资料。

二、监理文件资料的整编

凡属于监理部产生的监理规划、监理实施细则、监理通知、会议纪要、函件、监理报告、质量记录等各类监理文件资料需分类装盒,每类文件资料按 3 份留存。其中 1 份作为今后交监理单位存档的监理文件资料,另外 2 份属于今后交业主归档的监理文件资料。

装在盒内文件资料的顺序应由上往下按文件号顺序排放,并在文件的右下角用铅笔按页编号。

各类监理文件资料分类装盒后,按常规的标准盒面、盒背标签格式打印文件名称、年份等贴于盒面和盒背,并按常规的标准格式对盒内文件资料进行目录编制,编制的目录最后一页应有空格。每产生一份监理文件资料装入盒内时,及时在目录空格中填入文件资料的名称、编号等,待该页目录填满后,再正式打印出该页目录放入盒内,并另放入新的一页目录空格表,目录应按由上往下的顺序放在盒内资料的上面。移交业主的监理文件资料,按常规的标准格式进行整编,若业主有统一要求,则按照要求整编。监理文件资料的签发、留存数量的一般规定见表 8-1。

表 8-1 监理文件资料的签发、留存数量的一般规定

序号	监理文件资料名称	发承包人份数	呈报业主单位份数	监理部留存份数	说明
1	监理通知	1	1	3	
2	会议纪要	1	1	3	
3	监理月报		2	5	
4	函件	1	1	3	
5	监理报告		2	4	报业主份数视需要确定
6	汇报材料		4	2	例会汇报材料
7	监理规划		2	3	
8	监理实施细则		2	5	

说明:监理部留存的监理文件资料共 3 份,其中:1 份作为今后监理单位存档;2 份作为今后移交业主的归档文件,监理传阅和查阅文件可以根据需要复印。

第五节 承包人文件的管理

一、承包人文件的处理流程

(一)一般来文

(1)承包人报送的如《工程量联系单》、《××报审表》(内容涉及《生产计划》、《施工组织设计》、《技术方案》)等各类需专门审批的文件,文档管理人员一般按一式 5 份签收。

(2)承包人来文审查处理流程图如图 8-5 所示。

图 8-5 承包人来文审查处理流程图

承包人来文审查处理流程如下：

签收登记→传递审处→登记转发→归类存档。

(二)个别来文

(1)承包人报送的如《安全生产月报表》、《安全监测简报》、《材质证明资料》、《汇报材料》、《施工报告》等不需专门审批的各类文件，文档管理人员按一式4份签收，报业主或设计各1份。监理部一般留存1份内阅文件，其余为存档文件，来文一般不返还承包人。

(2)承包人个别来文审查处理流程图如图8-6所示。

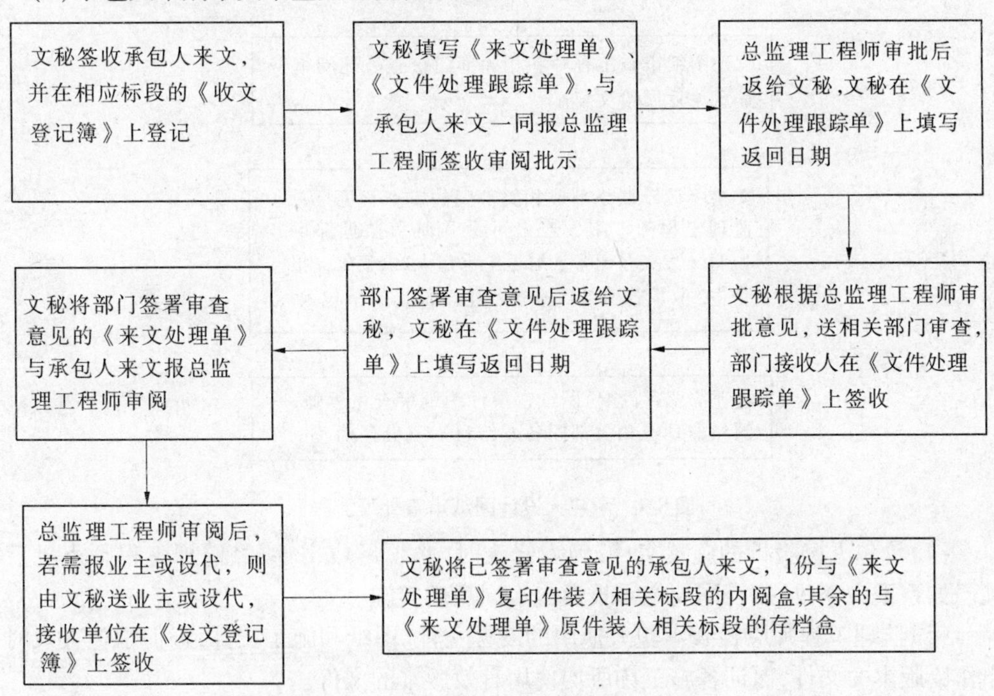

图8-6　承包人个别来文审查处理流程图

承包人个别来文处理流程如下：

签收登记→传递审处→登记转发→归类存档。

(3)设计图纸。

承包人设计图纸审查处理流程如图8-7所示。

承包人设计图纸审查处理流程如下：

签收登记→传递审处→登记转发→归类存档。

二、承包人文件的管理

(1)监理机构负责审核承包人报送的施工组织设计、施工技术措施等施工文件，经批准后实施。

(2)监理机构参与审批承包人的年、季、月施工进度计划等文件。

(3)承包人有关工程施工及合同执行的各种文件均应由书面文件报经监理机构审核后报送发包人。

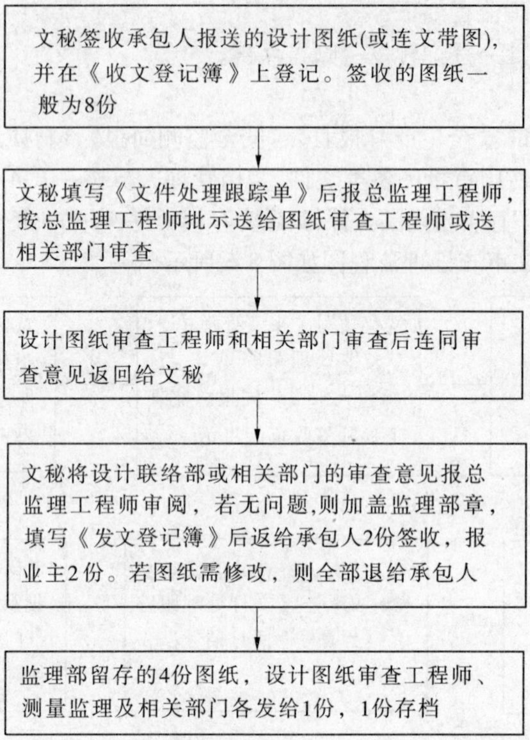

文秘签收承包人报送的设计图纸(或连文带图)，并在《收文登记簿》上登记。签收的图纸一般为8份

↓

文秘填写《文件处理跟踪单》后报总监理工程师，按总监理工程师批示送给图纸审查工程师或送相关部门审查

↓

设计图纸审查工程师和相关部门审查后连同审查意见返回给文秘

↓

文秘将设计联络部或相关部门的审查意见报总监理工程师审阅，若无问题，则加盖监理部章，填写《发文登记簿》后返给承包人2份签收，报业主2份。若图纸需修改，则全部退给承包人

↓

监理部留存的4份图纸，设计图纸审查工程师、测量监理及相关部门各发给1份，1份存档

图 8-7　承包人设计图纸审查处理流程图

(4)承包人已报批的施工文件,确需修改时,必须形成文件,经监理工程师审批后实施。如系重大修改,按合同规定需报发包人同意后实施。

(5)监理工程师应核查承包人使用的设计文件、图纸和施工文件,督促承包人及时撤出作废版本的文件,保证各施工场所均使用有效版本的文件。

(6)各合同标段承包人来文和设计图纸数量,暂按《目前各合同标段承包人来文签收、转发、留存数量的一般规定表》进行签收、转发、留存。留存的资料按内阅文件和存档文件分装、整编。按借阅制度严加管理,整编与“监理内部资料”相同。

各合同标段承包人来文签收、转发、留存数量的一般规定见表 8-2。

表 8-2　各合同标段承包人来文签收、转发、留存数量的一般规定

序号	来文(图)名称	承包人报送份数	审批后返承包人份数	报业主份数	监理部留存份数	需报送部门和份数
1	工程联系单	5	2	1	2	业主需要时报 1 份
2	×月生产计划	5	2	1	2	业主工程部 1 份
3	周计划	5	2	1	2	
4	投资和进度计划	5	2	1	2	业主合同部 1 份
5	主要材料计划表	5	2	1	2	业主合同部 1 份

续表 8-2

序号	来文(图)名称	承包人报送份数	审批后返承包人份数	报业主份数	监理部留存份数	需报送部门和份数
6	施工测量申报表	4	2		2	
7	工程验收申请表	4	2		2	
8	施工组织设计	5	2	1	2	
9	施工技术方案报审表	5	2	1	2	
10	施工现场签证单	5	2	1	2	
11	设计图纸审签单	5	2	1	2	属承包人呈报的图纸
12	现场施工备忘	5	2	1	2	
13	爆破作业申请单	4	2		2	
14	各类报告	5	2	1	2	工程竣工报告数量 6 套
15	安全监测月报	5	2	1	2	业主、设计各 1 份
16	施工月报	5	2	1	2	
17	安全月报	5	2	1	2	
18	工程事故报告单	5	2	1	2	
19	离开工地通知单	5	2	1	1	
20	施工统计月报	6	2	2	2	业主工程部、合同部各 1 份
21	单元工程工程量签证单	4	2		2	
22	测量成果会签表	4	2		2	
23	工程变更申请报告单	5	2	1	2	设计 1 份

说明:承包人报监理部的其他表、单,报送份数除特别要求外,原则上按一式 4 份呈报,若业主、设计另外需要,可报复印件。

第六节　工程验收资料的管理

一、单元工程验收资料

单元工程验收资料有《单元工程验收签证单》、《单元工程质量评定表》,模板、钢筋、埋件、测量检测等资料。

单元工程验收由监理工程师组织验收、签证,承包人在验收前应先填报 1 份模板、钢筋、埋件、测量等自检资料给监理。验收时,提交《单元工程验收签证单》,现场签证后监理部存 2 份,返承包人 3 份。

监理工程师将签证后的《单元工程验收签证单》及时交文档管理人员，文档管理人员及时按标段、工程部位、验收项目等分类装盒，并按要求进行整编。

二、分部工程、分项工程验收资料

分部工程和分项工程验收资料有验收签证书、质量检测报告(包括承包人的自检报告和质量检测实验室的检测报告)、竣工报告、监理报告等。

分部工程和分项工程验收，由监理部与业主、设计、施工组织成立验收小组，一般由监理部总监理工程师主持验收。

在进行分部工程或分项工程验收前，由监理工程师填写分部工程或分项工程验收签证书，涉及施工、设计等单位的相关内容可请施工、设计等单位提交文字资料，由文档管理人员统一打印在验收签证书上。

分部工程或分项工程验收证书一般为6份。

分部工程或分项工程验收后，各单位在验收证书上签署验收意见并签名。

签证后的验收证书，3份给承包人，1份给设计单位(如果需要)，1份给业主，监理部留存1份。验收签证书及其他资料及时交文档管理人员，文档管理人员将按标段、工程部位、验收项目等分类装盒，并按要求进行整编。

三、单位工程验收资料

单位工程验收资料有单位工程验收鉴定书、施工报告、监理报告、地质报告、设计报告、质量检测报告等。

单位工程验收由业主成立验收委员会，并主持验收。

在进行单位工程验收前，一般由监理工程师协助业主单位填写单位工程验收鉴定书，涉及施工、设计等单位的相关内容由施工、设计等单位提交文字资料，由文档管理人员统一打印在验收签证书上。

单位工程验收鉴定书一般为8份(视业主要求和档案管理要求确定份数)。

单位工程验收鉴定书、施工报告、监理报告、地质报告、设计报告、质量检测报告等全部需要移交业主，监理部应尽量收集所有资料留存。

第九章　安全生产监督管理

第一节　安全生产监督管理概述

一、安全生产监督管理目标

全面履行安全生产监督管理职责，贯彻“安全第一，预防为主，综合治理”的方针，与发包人、承包人同舟共济，实现全工程建设安全生产总目标。对监理范围内的工程，避免重大机械设备事故、重大交通事故、重大火灾事故、重大环境污染事故，减少轻伤事故，千方百计避免人身伤害事故，实现因监理工作失误造成的重大伤亡事故率为零、监理人员重伤以上事故为零的安全生产目标。

二、安全生产监督管理的内容

安全生产监督管理的主要内容与任务是审查施工安全措施、劳动防护和环境保护措施及汛期防洪度汛措施等，并负责检查、督促落实执行。参加重大安全事故调查并提出处理意见。

在工程项目建设中，安全生产监督管理的工作内容可分为三个阶段，即招标阶段的安全监督管理、施工准备阶段的安全监督管理和施工阶段的安全监督管理，各阶段的监督管理内容分述如下。

(一)招标阶段的安全监督管理

本阶段的主要任务是对承包人的安全资质进行审查，审查的重点包括：

(1)营业执照。

(2)施工许可证。

(3)安全资质证书。

(4)安全管理机构的设置及安全专业人员的配备等。

(5)安全生产责任制及管理网络。

(6)安全生产规章制度。

(7)各工种的安全生产操作规程。

(8)特种专业人员的管理情况。

(9)主要施工机械、设备等技术性能及安全条件。

(10)安全监督机构对企业的安全业绩评价情况。

(二)施工准备阶段的安全监督管理

本阶段的主要任务是安全监理的事前控制，制定安全监理的程序，对不安全因素进行预控。

(1)制定安全监理程序。根据工程施工的工艺流程制定出一套相应的、科学的安全监理程序,对不同结构的施工工序制定出相应的检测验收方法,只有这样才能达到对安全的严格控制。在监理过程中,安全监理人员对监理项目做详尽的记录和填写表格。

(2)调查可能导致意外伤害事故的其他原因。在施工开始之前,了解现场的环境、人为障碍等因素,以便掌握障碍所在和不利环境的有关资料,及时提出防范措施。

(3)掌握新技术、新材料的工艺和标准。施工中采用的新技术、新材料应有相应的技术标准和使用规范。安全记录人员根据工作需要与可能,可以对新材料、新技术的应用进行必要的了解与调查,以及时发现施工中存在的事故隐患,并发出正确的指令。

(4)审查安全技术措施。对承包人编制的安全技术措施进行审查,审查承包人对工程施工中的重大安全问题制定的安全技术措施和防护措施。同时,要求和监督承包人对高边坡、地下围岩等进行安全监测并审查对监测资料的分析报告。

(5)检查承包人开工时所必需的施工机械、材料和主要人员是否到达现场,是否处于安全状态,施工现场的安全设施是否已经到位。

(6)审查承包人的安全保证体系。在工程正式开工之前,督促承包人建立完善的施工安全保证体系,督促承包人建立健全安全管理工作体系和安全管理制度,对进场人员进行安全教育。

(7)对承包人的安全设施和设备在进入现场时进行检查,避免不符合要求的安全设施和设备进入施工现场,造成人身伤亡事故。

(三)施工阶段的安全监督管理

(1)核查各类有关安全生产的文件的执行情况。

(2)检查承包人提交的施工方案和施工组织设计中安全技术措施的落实情况。

(3)检查工地的安全组织体系和安全人员的配备。

(4)检查新工艺、新技术、新材料的使用安全技术方案及安全措施的落实情况。

(5)审核承包人提交的各阶段工程安全检查报告。

(6)审核并签署现场有关安全技术签证文件。

(7)现场监督与检查。

(8)根据工程进展情况,安全监理人员对各工序安全情况进行跟踪监督、现场检查,验证施工人员是否按照安全技术防范措施和按规程操作。

(9)对施工生产及安全设施进行经常性的检查监督,对违反安全生产规定的施工及时指令整改。

(10)对主要结构、关键部分的安全状况,除进行日常跟踪检查外,视施工情况,必要时可做抽检和检测工作。

(11)对每道工序检查后,做好记录并给予确认。

(12)汛期安全管理:监理在每年汛前协助发包人审查设计单位制订的防洪度汛方案和工程承包人编写的防洪度汛措施,协助发包人组织安全度汛检查。监理要及时掌握汛期水文、气象预报,协助发包人做好安全度汛和防汛防灾工作。

第二节　安全生产监督管理措施

严格按照ISO9001族系列标准，建立健全以总监理工程师为第一责任人的安全保证体系，配备专职有安全监督资质的监理工程师进行施工安全监督工作，明确各级监理人员的安全责任制。在安全管理工作中结合工程实际，编制和审查适合工程项目的安全生产措施，严格按措施中的安全控制要求对项目施工安全进行监督控制，将安全责任层层落实到个人，做到全员、全方位、全过程的有效监督和管理。

针对工程项目建设可能存在的安全隐患，监理采取以下措施：

(1)检查督促施工承包人建立健全安全管理制度，督促施工承包人认真执行国家及有关部门颁发的安全生产法规、规定和施工合同对安全生产的规定。

(2)督促承包人编制施工安全措施文件报送监理审批。施工安全措施主要包括安全机构设置、专职安全员的配备，以及防火、防毒、防尘、防噪声、防洪、救护、警报、治安、爆破、用电、高空作业等一系列安全措施。

(3)督促承包人做好施工人员的安全教育和培训工作，严禁违章作业和违章指挥，新入职员工先培训后上岗，待岗人员上岗前需进一步培训考核，特殊工种作业人员需持证上岗。帮助承包人建立健全安全保障体系，检查各项安全措施的落实情况。

(4)安排专职安全生产监理人员，对施工现场进行经常性的安全巡查(定期与不定期)。及时纠正施工违规现象，指出存在的安全隐患，并督促采取措施予以改正或处理，将安全隐患消灭在萌芽状态。

(5)督促、检查承包人对火工材料、油料的采购、验收发放及保管工作是否按有关规章制度进行严格管理，杜绝意外事故的发生。

(6)爆破现场必须严格按操作程序作业，确保安全。承包人必须严格按规定的时间爆破，指挥到位。特别是对使用雷管、炸药、导火索的安全问题，对检查出的隐患要限期改正，对整改不力的要严肃处理。

(7)规范安全标志牌。各公路沿线、施工现场设置醒目的交通标志牌、安全生产标示牌，确保交通、施工安全。

(8)在汛前要做好防汛、度汛的宣传教育工作，在汛期要及时了解天情、雨情、水情，组织承包人做好主体工程的防洪度汛工作。

(9)严格执行安全生产责任追究制度，做到“四不放过”原则，即“事故原因不调查清楚不放过，事故责任人不受到处理不放过，事故责任人和周围群众不受到教育不放过，没有制定切实可行的预防措施不放过”。消除所有的事故隐患，确保工程的安全生产和各项目标的如期实现。

(10)参加安全事故的调查分析，审查施工承包人的安全事故报告及安全报表，监督施工承包人对安全事故的处理。

(11)定期组织安全生产检查活动。做好监理合同内工程建设项目的安全生产协调工作，协助发包人做好各施工合同间的安全生产协调工作。定期(每月)向发包人报告安全生产情况，并按规定编制监理工程项目的安全生产统计报表，对重大安全事故的处理必须及时向发包人报告。

第三节　工程项目实施阶段安全监督管理的重点及组织保证体系

一、工程项目实施阶段安全监督管理的重点

根据以往工程经验及工程特点，认为以下几个方面的内容将是工程项目建设中安全监督管理工作的重点，如表9-1所示。

表9-1　工程项目建设中安全监督管理工作的重点

序号	项目	安全管理重点
1	施工队伍	施工队伍中的民工安全，规章制度的建立健全与执行，安全教育和培训，防护设施，作业指导书，事故报告与“说清楚”
2	交通运输	出渣车辆，混凝土、材料等运输车辆，设备状况，转弯、陡坡、泥泞等危险路段，驾驶员管理，警示、标示牌，防护设施
3	爆破开挖	火工材料管理，爆破制度落实，爆破设计，爆破警戒，哑炮排除，围岩安全监测及支护，通风散烟，防尘防毒，不良地质段处理，险情预报与通信，应急预案
4	高边坡	程序作业，危石清理，及时支护，安全监测，截排水设施，严禁雨天施工，劳动防护，作业平台，立体交叉作业防护，专职安全员旁站
5	度汛	组织机构及通信联系，方案审批，水情预报，人员、物资、材料准备等措施到位，应急预案
6	高排架作业	安、拆方案，作业指导书，检查验收制度，劳动保护，作业平台，通道，材料堆放管理，控制超载
7	大件吊装	吊装方案，设备安全稳定性检查，作业指导书，操作人员持证上岗，安全员旁站，专业、规范指挥，周边防护
8	大型设备安拆	安、拆方案，检查验收，作业指导书，操作人员持证上岗，安全员旁站，专业、规范指挥，周边防护
9	大型设备运行	运行管理制度，配置专业检修维护人员和必要的检验设施、维修设备，严禁设备带病作业，运行操作人员持证上岗
10	施工用电	用电设施防护，安全保护装置，线路架设，检查维护，专业人员操作，严禁乱拉乱接，严禁带电作业
11	防火	易燃物品，消防设施，消防通道，消防意识，管理

二、工程项目安全生产监督管理的组织保证体系

工程项目建立的安全生产管理委员会，是现场施工安全生产监督管理的最高机构，由总监理工程师及参建各方的主要领导组成。各级安全生产管理机构均建立安全生产应急预案。在监理部内部建立以总监理工程师为第一责任人、专职安全工程师主管工程安全生产工作、所有监理工程师参加的三级安全生产监督管理组织保证体系，实现“纵向到底，横向到边”的安全生产监督管理机制。

在危急时刻，充分发挥监理工程师安全决策权利，无论是对工程建设还是对人民群众生命财产安全的保护都十分重要。如在我国南方某大型工程导流洞的混凝土衬砌阶段，河道（上游暴雨）突发百年一遇洪水（设计为二十年一遇洪水标准），虽然业主命令“死保导流洞上、下游围堰安全和导流洞不进水”，但在加高围堰过程中监理工程师发现洪水位上升较快，死保导流洞上、下游围堰安全几乎不可能，迅即发布“一边保围堰，一边撤离洞内设备人员；当洪水平围堰时，加高围堰的设备、人员必须全面撤离危险区”的现场指令；洪水过后发现洪水位高于围堰 7 m 并淹没洞顶。正是承包人执行了工程师这一正确指令，虽然导流洞进水，但带来的损失较小，避免了一起重大灾难性事故的发生，保护了施工人员和设备的安全。事后业主的管理高层和专家对工程师的决定给予了高度赞扬和充分肯定。

第十章　文明施工监督管理

第一节　文明施工监督管理概述

一、文明施工监督的内容

工程建设文明施工监督的主要内容就是对施工过程中的各种不文明因素进行控制，概括起来讲就是：

(1)控制施工人员的不文明行为。

(2)控制施工环境的不文明状态。

二、文明施工监督任务

根据工程项目的招标文件要求，“文明施工管理及施工期环境保护措施”的任务为：检查和督促承包人按照国家有关法律、规范和规章及招标文件的有关规定做好施工区的文明施工管理及施工期的环境保护措施，防止由于施工造成施工区及附近地区的环境污染和破坏。

为完成工程项目文明施工监督的任务，监理在现场进行文明施工监督时应落实以下工作：

(1)在审批施工总体组织设计文件阶段，监理应督促承包人编制施工区文明施工措施，并报送监理批准。其控制措施应包括以下主要内容：

①施工弃渣的利用与堆放措施。

②边坡保护和水土流失防止措施。

③施工中的噪声、粉尘、废气、废水和废油等治理措施。

④辅助生产设施的整体规划布置。

⑤施工道路的管理与维护措施。

⑥施工区卫生设施以及垃圾等处理措施。

⑦完工后的场地清理措施。

(2)加强现场作业环境的防护监督。

(3)做好安全文明施工的监督检查。

(4)督促承包人完善技术和操作管理规程，确保防汛设施和地下管线通畅、安全。督促检查承包人设置各种防护设施，防止施工中产生的尘土飞扬及废弃物的飘散。督促检查承包人采取有效方式，减少施工对道路、绿化和环境的不良影响。

(5)督促承包人严格按批准的总平面图堆放管道、机具材料，搭建临时设施。

(6)督促承包人采取各种措施降低施工过程中产生的噪声。

(7)督促协助承包人创建“安全文明工区”。

三、文明施工监督目标

工程项目文明施工监督的最终目标是参照各有关行业的文明施工条例,创造出“文明施工的样板工地”。

第二节 文明施工监督的措施及组织保证体系

一、文明施工监督措施

(1)贯彻国家现行的文明生产的法律、法规,建设行政主管部门的文明生产的规章和标准。

(2)督促承包人落实文明生产的组织保证体系,建立健全文明生产责任制。

(3)督促承包人对工人进行文明生产教育,并须持证上岗。

(4)审查施工方案及文明生产技术措施。

(5)检查并督促承包人建立《文明施工管理细则》和《职工文明守则》,健全各项规章制度、规定、条例,制定各职能部门和职员的岗位责任制度,坚持照章行事,实行工作程序化。

(6)督促检查承包人现场的消防工作、冬季防寒、夏季防暑、文明施工、卫生防疫等各项工作。

(7)不定期地组织文明生产综合检查,对发现的不文明现象,提出处理意见并限期整改。

二、文明施工监督的组织保证体系

工程项目监理部内部建立以总监理工程师为第一责任人、各项目监理分区管理、专职监理工程师参加的三级文明施工监督组织保证体系,实行点面相结合的文明监督管理机制。

第十一章　环境保护与水土保持监督管理

第一节　环境保护与水土保持监督管理概述

一、环境保护与水土保持监督的基本内容

(1)防止大气污染:防治施工扬尘,搅拌站的降尘,生产和生活的烟尘排放。

(2)防止水污染:防止生产废水排放,生活污水排放。

(3)防止施工噪声污染:人为的施工噪声防治,施工机械的噪声防治。

(4)建筑垃圾的清理。

(5)弃渣场及周转料场的防护。

(6)开挖场地及开挖边坡的保护、绿化。

(7)机修废油、废料、废电瓶等处理。

二、环境保护与水土保持监督的主要任务

(1)督促承包人建立完善的环境保护与水土保持管理体系。

(2)审批承包人所报的环境保护与水土保持措施。

(3)定期检查承包人现场环境保护与水土保持工作。

(4)承包人现场环境保护与水土保持的主要工作为:

①施工道路要定期清扫、洒水,以减少尘土飞扬。

②水泥、白灰、粉煤灰等易飞扬的细颗散体材料要库内或罐装存放,露天堆放时应下垫上盖,防止飞扬和流失污染。

③运输散体土石方、砂石料、混凝土等无法包装物品,装车不宜过量,以免溢出,沿路散落,并且要堆放在指定部位。

④禁止现场随意焚烧油毡、橡胶、塑料、皮革等会产生有毒烟尘和恶臭气体的物质。

⑤工地厕所要有化粪池,并防止渗漏,定期用水冲洗、打扫,及时进行消毒、灭蚊蝇。

⑥化学药品、外加剂要妥善保管,库内存放。

⑦油料的保管和使用,要防止跑、冒、滴、漏,污染道路、场所、水源。

⑧施工、生活废水的排放要通过处理后再按规定排放。

⑨严禁干式钻孔作业,运输装卸机械要严格控制尾气排放。

⑩严格控制噪声源。选用低噪声设备和工艺,安装消声器等,在传播途径上采取吸声、隔声、阻尼等。

⑪施工现场环境气体、噪声的跟踪监测,实行专人监测、专人管理。

三、环境保护与水土保持监督的目标

严格遵守国家及地方有关环境保护法律、法规，防止生产废水、生活污水污染水源。做好噪声、粉尘、废气和有毒有害气体的防治工作，保持施工区、生活区清洁卫生。确保开挖边坡和渣场边坡稳定，防止水土流失，保证施工人员和附近群众的安全健康。最终实现“建设一个工程，再造一个秀美河山”的目标。

第二节　环境保护与水土保持监督的措施及组织保证体系

一、环境保护与水土保持监督的措施

(1)监理部将督促承包人建立环境保护与水土保持工作小组，由承包人第一责任人任组长，各有关部门、施工队负责人和专职工作人员参加。按照“谁主管、谁负责”的原则，在组织施工生产的同时必须组织实施环境保护，严格控制“三废”排放。

(2)严格要求承包人配备能进行粉尘、噪声、气体、水源变化动态的监测设备，实行跟踪监测，为防治工作提供数据资料。

(3)监理部制定环境保护与水土保持检查制度，定期和不定期地对施工现场的环境保护与水土保持工作进行检查指导。

(4)监理部定期月检，每月由主管领导带队，监理部有关人员、承包人负责人、施工队长、安全员、班组长、班组安全员参加，对施工作业面进行定期月检。按施工现场环境保护规定，填写检查记录，作为工地“安全文明工区”考证依据。在检查中，对不符合环保要求的，采取“三定”(定人、定时、定措施)原则予以整改，落实后及时做好复检、复查工作。

(5)监理工程师巡视现场时，加强对施工现场环境保护工作的检查，发现问题及时要求承包人改正。同时，监理部督促承包人建立施工现场环境保护每日自检制度，由班组长、施工员、安全员进行上、下午两次全面自检，凡违反施工现场环境保护规定的，要及时指出并整改，由施工员在当天的施工日志上做出自检记录。

(6)监理部环境保护工作小组，结合每月的施工计划，检查、安排、总结环境保护工作，发现问题必须制定措施，要求承包人进行整改。

二、环境保护与水土保持监督的组织保证体系

监理部内部建立以总监理工程师为第一责任人、环保工程师主管环境保护与水土保持监督工作、项目监理工程师实施日常具体监督工作的三级环境保护与水土保持监督组织保证体系，实行点面相结合的监督管理机制。

三、工程项目环境保护与水土保持监督的重点

工程项目环境保护与水土保持监督的重点如表11-1所示。

表 11-1　工程项目环境保护与水土保持监督的重点

序号	项目	监督的重点
1	工程堆渣弃渣	随意弃渣,渣场规划、维护与管理,沿线掉渣,出渣车辆的管理,车辆标志,管理制度与落实
2	边坡防护	截、排水设施,边坡防护措施,岸坡稳定,绿化
3	污水处理	施工、生活污水处理与排放设施,定期检验
4	生活垃圾	设施、收集、处理、管理制度
5	防尘防烟与防毒	钻孔作业防尘,施工设备尾气处理,道路维护,绿化,劳动防护,监测
6	噪声	车辆、钻孔设备、空压机

第十二章　监理管理制度

第一节　工作制度

一、监理人员进场、退场制度

(1)监理人员根据工作需要,由总监理工程师安排进场,监理人员要在规定时间内按时进场,监理人员应身体健康,没有不适应监理工作的重大疾病。监理人员必须在监理单位办理合同手续或者征得总监理工程师的书面同意后方可进场,进场后到监理部的综合部报到。

(2)监理人员进场后,严格按项目监理部的规定安排住房、办公房间,对公用住宿用具、物品妥善保管,不能遗失或损坏,如果损坏,需照价赔偿。监理人员在领用物品时需办理物品领用登记表。

(3)监理人员从到达工地之日并办理入职登记手续后开始计算考勤。

(4)监理人员必须服从项目监理部管理规定,自觉文明住宿,文明办公,维护监理单位的良好形象。

(5)监理人员进场后,按项目监理部要求及时安排工作,如不能服从工作和正常上班,则不计考勤。

(6)在正常情况下,监理人员要求退场,要提前 10 天征得总监理工程师批准,或经总监理工程师批准提前 10 天通知其退场。对违纪人员和表现不好的人员,以及发现有严重心脏病、高血压等难以胜任监理岗位者,总监理工程师可随时劝其离场,并且不负担退场费。

(7)监理人员应在办理完退场手续,交清领用物品,并对损失的财产物品作价赔偿,办理完批准手续后方可到综合部结算剩余酬金退场。

二、设计图纸审查制度

(1)设计图纸接收时应办理接收登记手续。设计图纸的登记分类应当和设计图纸的分类一致,除在登记簿上登记外,也应该同时在计算机中进行专门登记。设计图纸的交发日期也应该进行记录,并且和预定日期进行比较。

(2)设计图纸发放到承包人前,主管的监理工程师应当对图纸进行初步阅读和审查,对有问题的部位进行标记以及进一步研究,审查人员应该在审查的图纸上签名。

(3)通过对设计图纸的阅读,监理工程师首先应当读懂其含义,弄清其中的设计基本控制点线和内容,然后对其设计的原则分析有无不合理之处。如果有,要认真做记录,并和设计方进行讨论,以求解决。

(4)一个单位工程项目开始时,应当组织设计对承包人进行设计交底,要求设计交底时要明确设计依据、设计意图和基本原则。承包人除要弄懂设计有关方面的原则外,还应初步分析其落实的措施和质量保证的办法。

(5)设计交底应当由总监理工程师主持,有关监理、设计方必须参加。业主方面应事前通知,但不强求其必须参加。设计交底时应做会议记录并规范编号,以作备查,会议记录应当及时输入计算机的数据库中。

(6)承包人在施工放线、结构布置时,可能会遇到不符合实际情况的问题,承包人应当及时把问题反映给监理工程师。监理工程师如果不能解决,应迅速通知设计单位,由设计单位限期做出澄清,监理工程师应在专门的“设计问题记录”的记账本上做出记录和备案,并应同时把其输入到计算机的数据库中。

(7)如果对设计图纸研究后,发现有合理化建议的地方,应当做出具体记录和备案。对于开挖时基础的调整,与地质方面有关的设计,都会因其与实际不一样,可能进行修改。

(8)如果发现结构设计违背设计原则,应及时与设计沟通,也可以视其情况通知监理单位总部或业主单位协助解决。

(9)施工期间,凡是设计修改的均应由设计做出书面通知并存档。凡是由监理工程师和承包人提出并征得设计同意的修改,均应做好记录并存档(包括计算机数据库存档)。

(10)对每项工程的修改,监理工程师应作签字备案。

三、工序交接检查及隐蔽工程检查制度

(1)工程施工的主要工序完成后,承包商应在自检合格后,向监理工程师填报工序报验单。监理工程师应现场检查工序完成情况,并在检查质量合格后,签署工序报验单,承包商才能进行下一道工序施工。

(2)隐蔽工程须经监理工程师检查签证同意后方可覆盖,重点部位或重要项目应会同承包商、设计单位及业主代表共同检查签认。未经检查验收的隐蔽部位不得覆盖,已覆盖的部位监理工程师有权要求进行揭露检查,承包商必须予以配合。

(3)隐蔽工程检查合格后,若长期停工,在复工前应重新组织检查,以防意外。

(4)混凝土浇筑须取得监理工程师签署准浇证或开仓证后方可进行。

四、工程质量事故处理制度

(一)一般原则

由施工、材料、设备安装等原因造成工程质量不符合技术规程规范和合同规定的质量标准,导致影响工程使用寿命或正常运行,因此需返工或采取补救措施的,在达到一定的经济或工期损失额度时,应认定为工程施工质量事故,对工程质量事故的处理应坚持“三不放过”的原则。

(二)施工质量事故报告

工程质量事故发生后,承包商必须用电话和书面形式逐级上报。对重大的质量事故,监理工程师应立即上报业主。

质量事故发生后，承包商应及时上报“质量问题事故报告单”，抄报业主和监理机构各1份。对一般工程质量事故，应由承包商研究处理办法，填写事故报告1份报监理机构。对较大质量事故，由承包商填写事故报告一式2份，由总监理工程师组织有关单位研究处理。对重大质量事故，由承包商填写事故报告一式3份，报监理机构，由总监理工程师组织有关单位研究处理方案，报业主批准后，承包商方能进行事故处理。待事故处理后，经监理机构复查，确认无误，方可继续施工。

凡对工程质量事故隐瞒不报，或拖延处理，或处理结果未经监理机构同意的，对事故部分及受事故影响的部分工程应视为不合格工程，不予验收计价。

（三）质量事故记录

监理机构应对事故经过做好记录，同时督促承包商做好相应记录，并根据需要对事故现场进行记录，为事故调查、处理提供依据。

（四）紧急措施

当质量事故危及施工安全，或不立即采取措施会使事态进一步扩大甚至危及工程安全时，监理机构应指示承包商立即停止施工，采取临时或紧急措施进行防护。与此同时，会同有关方研究并提出处理方案和措施，报业主或由业主授权监理机构批准后实施。

（五）事故的调查与处理

监理机构应按国家法律法规和工程建设合同文件规定，参加事故的调查与处理。

五、施工现场紧急情况处理制度

（1）一般原则：施工现场发生紧急情况时，现场监理工程师应立即报告总监理工程师，并在现场同承包人一道，采取果断措施，抢救受险人员和设备，消除危害或制止危害的进一步扩大。

（2）总监理工程师接到报告后应立即赶赴现场，查看险情，并立即报告业主。

（3）紧急情况的处理，一般遵循以下原则：

①当发生人身伤害时，应首先抢救受伤人员。

②当发生火灾时，应立即通知工地消防部门，并组织人员、设备开展自救。

③当确定无法立即制止险情时，应撤出受险范围内的人员、机械设备及物资，保护国家财产。

④当采取一定的措施能制止险情或防止险情的进一步扩大时，应当在确保安全的前提下，立即组织人员、设备进行抢险。

（4）监理工程师应做好施工现场的记录（文字、照片、录像）工作，同时督促承包商做好现场记录和现场的保护工作。

（5）事后承包人应向监理工程师提交紧急情况处理报告，主要包括以下内容：

①紧急情况发生的详细情况，诸如紧急情况发生的时间、地点、部位、性质、现场处理过程、现状及发展变化情况等。

②紧急情况调查中的数据、资料。

③紧急情况发生的原因分析与判定。

④是否需要采取进一步的防护措施。

⑤紧急情况发生涉及的有关人员和责任者的情况。

⑥损失情况和索赔费用。

监理工程师应根据现场记录和在调查的基础上，审核承包商的紧急情况处理报告，判断紧急情况发生的原因，确定进一步处理的措施，判定责任方和责任大小，正确处理索赔。

六、监理人员现场巡视制度

(一)总则

监理人员包括总监理工程师、监理工程师、监理员等，对施工现场的巡视是监理工作的重要组成部分，其目的是通过现场巡视掌握工程施工进度，检查施工质量，并为中间支付工程量做统计。同时，对现场发生的各种问题及时进行处理，并随时填写监理日志。

(二)巡视范围、路线和次数

(1)监理人员应对自己所负责的工作面进行全面的检查巡视。

(2)巡视路线应形成闭环，不能漏巡，对重点部位要加强巡视。

(3)总监理工程师每周全面巡视不得少于两次。

(4)相关部门领导每周全面巡视不得少于四次。

(5)监理工程师每周全面巡视不得少于六次，必要时应旁站监理。

(三)对施工进度的巡视要求

(1)检查实际施工程序是否符合审查的意见和批准的计划。

(2)检查施工进度，是否按周、月施工作业计划进行。

(3)估计和记录当日完成的工程量。

(4)当实际进度与计划进度发生差异时，应分析产生差异的原因。

(四)对施工质量的巡视要求

(1)施工质量的控制范围包括五个主要方面，即人、材料、机械、方法和环境，应密切关注影响施工质量的这五个要素。

(2)应掌握和熟悉有关施工详图、施工技术要求、工程质量评定标准、施工验收标准等。

(3)检查承包人按图施工情况，督促承包人做好施工记录和质量自检工作。

(4)工程所需的各种原材料、半成品均应符合设计要求，应有出厂合格证或质检证书。

(5)检查各工程系统、各单项工程是否符合审批的施工组织设计，是否符合工艺流程图和施工工艺要求。

(五)对施工安全的巡视要求

(1)监理人员应熟悉有关安全生产的规章制度。现场巡视时，要注意认真检查承包人的安全防护措施及遵守安全生产规章制度的情况，若发现不安全的隐患，应及时向有关负责人指出，并向负责安全的监理工程师反映。

(2)监理人员要带头认真执行施工现场的各项安全生产规章制度，注意自身的安全防护。现场巡视时必须戴安全帽，穿防护服，不准酒后巡视，并应注意防滑、防跌、防高空击打、防坠落、防触电、防爆破飞石等。

(六)其他

(1)监理人员在巡视中遇到不能及时解决的问题或遇到超越自己责任范围的事情,应及时向总监理工程师汇报。

(2)监理人员处理施工现场问题的依据是施工合同文件、监理合同文件、国家规程规范,监理人员必须熟悉这些文件。

七、值班监理制度

(一)总监理工程师巡视制度

正、副总监理工程师采取定期与不定期巡视制度,总监理工程师巡视施工现场每周不少于两次,副总监理工程师巡视施工现场每周不少于三次。

总监理工程师主要负责检查现场监理值班制度落实情况,协调解决各类问题,检查施工形象进度与工程质量。

(二)监理部各部门负责人值班制度

工程监理部部门负责人采取不定期轮流检查制度,每日白班各部门至少有一名部门负责人到现场检查,且每周到现场检查不少于三次。

工程监理部部门负责人主要负责协调解决各类问题,现场监理人员到岗情况,做好值班记录,检查现场值班记录及各类报表填写情况。

(三)项目监理工程师值班制度

根据工程进展需要采取三班制,执行现场交接班制度。负责施工现场仓面质量验收,平行检测,发现问题及时解决问题。检查旁站现场监理人员到岗情况,检查旁站监理现场值班记录及各类报表填写情况,做好值班记录。

(四)旁站监理人员值班制度

旁站监理人员采取三班24小时值班制,零点班0:00~8:00、白班8:00~16:00、中班16:00~24:00,并严格执行现场交接班制度。

旁站监理人员主要负责检查承包人"三检"及质量负责人到位情况,对施工人员跟班旁站并对施工质量进行检查与控制,做好旁站记录,填写各类相关报表。

八、监理日志填写制度

监理日志是施工现场作业全过程的真实原始记录资料,应具有可追溯性。监理工程师和监理员必须认真、细致、真实填写监理日志表格中各项内容。

其具体填写要求如下:

(1)监理日志由监理员或监理工程师填写,由监理工程师以上人员签署审核意见。

(2)班次:零点班、白班或中班。

(3)工程项目:×××标段、×××项目。

(4)承包人:×××工程公司、×××项目部。

(5)施工部位、施工内容、施工形象:施工部位高程、桩号,施工工序,施工所采用的材料品种、规格,施工形象。

(6)施工质量检验、安全作业情况:施工各工序作业过程中对照有关规程、规范是否产生质量偏差、违反安全操作规程及有无安全事故发生。对其质量偏差、违规操作、安全事故发生的时间、部位、发展过程、影响范围、影响时间、当事人、现场施工员、技术人员或项目负责人进行详细记录。

(7)施工作业中存在的问题及处理情况:存在的问题、处理方案或方法、当事人和决策人、实施情况、实施过程中处理方案或方法有无改变、投入设备和人员情况、处理过程中各阶段时间、处理效果。

(8)其他事项:停电、停水、交通中断、意外自然灾害等事项发生时间和影响情况(怠工设备、人员)。

(9)承包人管理、质检、主要技术人员及作业人员到位(人数)情况:承包人作业人员到位人数和管理、质检、主要技术人员的到位时间及名单。

(10)建筑材料、机械投入运行和设备完好情况:建筑材料到施工现场品种、规格、数量。机械设备投入运行种类、数量、正常运行时间、故障部位、故障处理或设备维修时间。

(11)提请下班监理人员注意事项:对施工质量、安全文明生产下班监理人员应关注的事项。

(12)接班监理人员应仔细阅读上班监理日志,对上班监理人员提请注意事项或监理日志中所述存在的问题应予以追踪,记录问题全工程,形成闭合圈。

九、土建工程量计量管理制度

(一)工程计量分工及签字

(1)现场签认工程量分设计工程量、现场条件变化增加量、超挖超填工程量等。现场监理员可以签认设计工程量,项目负责人和组长签认现场条件变化增加量,超挖超填工程量由地质专业工程师确认、测量工程师复核,项目负责人签认。

(2)设计工程量的中间计量由现场监理员或项目负责人和项目组长负责进行,并在计量表上签字。

(3)现场条件变化增加量的中间计量由项目负责人或项目组长和专业工程师负责进行,并在计量表上签字。

(4)现场增设随机锚杆等由地质专业工程师或项目负责人确定,并在计量表上签字。

(5)超挖超填工程量由地质专业工程师、测量专业工程师会同业主进行确认后,再由测量工程师复核计算,经项目负责人签认。

(6)土石分界线确认由测量专业工程师会同地质工程师和业主进行,项目负责人主持。

(7)现场监理员负责现场验收工作,并对设计文件和项目负责人或专业工程师同意增加的项目进行验收,执行"谁验收、谁签字"的原则,作为工程中间计量的依据。项目负责人负责检查现场工程验收与计量工作,并对错误计量进行纠正。

(8)以上验收和计量接受合同部、分管副总监理工程师和总监理工程师的检查。

(二)工程计量的依据

合同《工程量清单》中的工程量不能作为合同支付结算的工程量。合同支付工程计量应按工程承包合同文件、业主规定的程序和方法计量,以实际量测与计算统计的工程量为准。

(1)工程计量项目划分,严格依据承包合同中规定的报价与支付项目(包括合同工程量清单、工程变更、设计修改、监理指令、业主指令、业主另行批准或确定的增加支付项目)来进行,即计量项目名称、单位与合同项目名称、单位相一致。

(2)工程计量量测范围,依据经监理工程师审签发放实施的设计图纸(包括工程变更通知、设计修改通知及其相应工程量表)所确定的建筑物设计边线,以及合同文件规定应扣除或增加计量的范围(如开挖支付线),按合同文件规定或监理工程师批准的计量方法与计量单位进行量测计量。

(3)工程计量方式,按单位工程、分部分项工程和单元工程三级项目划分,以单元工程为基础,依据工程承包合同文件规定的单价支付项目或总价项目分别进行。

(三)工程计量的原则

(1)不符合工程承包合同文件要求或未按设计要求完成或未经工程质量检验合格的工程与工作,均不予计量。

(2)按工程承包合同文件规定及业主、监理批准的方法、范围、内容和单位计量。

(3)因承包人责任与风险,或因为承包人施工所需要而另外发生的工程量不予计量。

(4)监理人员应为签署工程量提供原始依据。特殊项目需要项目负责人以下监理人员签署时,其项目负责人必须进行复核并签署名字,月进度款支付计量时应附有监理计算审核稿和断面资料。

(5)相应监理人员必须对复核测量断面及设计工程量进行计算,并由其他监理人员进行校核计算,计算者与校核者均应签署名字和日期,计算稿必须保留归档。如果采用计算机成图和计算,则应打印一份并签署名字和日期,电子文档和打印件均应保留归档。计算应分为设计量、实际发生量、超欠挖量与地质原因影响超欠挖量、混凝土超挖回填量和地质原因超挖回填量等。

(6)在进度款结算中,凡未按规定进行检查验收合格的项目不得全部结算,如锚筋拉拔试验检查合格前、混凝土未拆模或强度资料尚未出来前、开挖坡面尚未清理验收前、喷混凝土厚度尚未检测或强度资料尚未出来前、钢筋焊接试验结果尚未出来前等。可根据施工过程中的实际情况按10%~15%予以暂扣工程量,待该单元检查验收合格后再予以结算。凡检查验收发现有不合格者该单元暂不计量,已结算部分应予以扣回,直到处理完成并经检查合格后再予以结算。

(7)中间进度款结算为临时结算,应与工程实际形象一致,尽可能防止超结和少结。当发现超结或少结时,应及时扣除超结工程量或补结、少结工程量。

(8)现场监理人员应仔细检查、量测新增工程量并做好详细记录,必要时应拍照或录像备查。

(9)计量项目的申报说明材料必须齐全。

(10)计量时若有新增变更项目,必须经监理、设计、业主审签同意后,才能对新增项目进行计量。

(四)工程量计算分类

(1)土石方开挖工程量应根据工程布置图切取剖面按不同岩土类别分别进行计算,

土石方开挖工程量应将明挖、洞挖分开。

(2)土石方填筑工程量应根据建筑物设计断面中的分区及其不同材料分别进行计算,其沉陷量应包括在内。如果合同中综合为一个单价的,可不分别计算。

(3)混凝土工程量,对不同类别、部位、强度等级及级配需分别进行计算。

(4)固结灌浆和帷幕灌浆的工程量(包括灌浆检查孔),自建基面算起。钻孔深度(包括排水孔)自孔顶高程算起,并按围岩或混凝土不同部位分别进行计算。接触灌浆和接缝灌浆按设计面积计算。硐室顶部回填灌浆,按设计的混凝土衬砌外缘面积计其工程量(若合同规定该灌浆含在混凝土衬砌单价中,则不计量)。硐室工程的固结灌浆及排水孔数量按设计要求计算。

(5)喷锚支护工程量,根据设计要求计算,其中喷混凝土和砂浆按实测面积计算,厚度应满足设计要求。锚杆、预应力锚索、排水孔、钢筋网应说明型式、直径、长度、数量,并检查合格后计量结算。

(五)工程量计量的方法

1. 土石方明挖工程量计算

(1)土石方明挖的工程量应按不同工程项目以及施工图纸所示的不同区域分别列项,以 m^3 为单位计量,并按《工程量清单》中相应项目计量。

(2)土石方开挖工程量以开挖前校核的原始地面线和设计开挖线计算总量,以自然方计量。当覆盖层(或表土)与石方开挖单价不一致时,应分为覆盖层(或表土)与石方单独计算(如某国际工程合同把开挖分为覆盖层、过渡层、岩石层开挖)。

(3)场地清理、基础清理、临时性排水设施、渣场维护挡墙等费用包含在开挖费用中,不另外计量。

(4)开挖前应督促承包人进行原始地形测量,监理独立复核测量断面数应不少于20%承包人测量断面数,且断面间距小于5 m,重要部位应按50%或100%承包人断面数或加密进行测量。测量后根据测量面积大小作出1:10~1:500断面图,图上应有原始地形线、设计开挖线、实际开挖线,并适当标注高程或宽度、超挖或欠挖尺寸等。

(5)对于较规则的挡墙基础、排水沟等小断面(面积小于8 m^2)坑槽开挖,可在现场采用钢卷尺、皮尺等测量工具进行断面量测。量测断面间距应小于5 m,断面应量测出顶宽、底宽、中部宽度、高度、断面间的间距等。量测完后应作出断面图,量测人员应签署名字和日期。

(6)如果开挖后实测断面线存在欠挖,当欠挖在规范允许范围内时,可不作欠挖处理,工程量也不予扣除;当欠挖在规范允许范围外时,应要求进行欠挖处理,欠挖处理不另外计量。如果经设计同意欠挖部分不作处理,应扣除欠挖工程量。

(7)如果开挖后实测断面线存在超挖,当超挖在规范允许范围内时,可不作超挖处理,超挖工程量也不予计量;当超挖在规范允许范围外时,如果是地质原因而造成超挖,规范允许范围以外超挖部分量应给予计量(如规范允许超挖15 cm,当地质原因而超挖50 cm时,则只计算35 cm超挖量)。如果超挖不是地质原因引起的,超挖部分不予计量。

(8)如果监理计算量与承包人计算量误差小于3%(且测量断面无明显误差),按承包人计算量结算。如果误差大于3%,应比较两者的测量断面图,找出原因。如果承包人不能出具证明材料，且监理单位测量无明显错误，则按监理测量计算量结算。若分歧较大，可以由监理和承包人组成联合测量小组进行联合测量，以联合测量结果为准。

（9）在月进度款结算时，每月结算前应对开挖面进行中间测量和计算出本月开挖工程量，并复核已开挖的总量，以防止月进度款结算超结或少结。

2. 土石方洞挖工程量计算

（1）土石方洞挖工程量应按不同工程项目以及施工图纸所示的不同区域分别列项，以 m^3 为单位计量，并按《工程量清单》中相应项目计量。

（2）洞挖工程量以设计开挖线为基础计算工程量。

（3）测量人员应根据工程的进展进行洞挖断面复核测量，复核测量断面间距应小于5 m，超挖或欠挖较大部位及变断面部位应加测断面，并测量出超欠挖范围。测量图上应表明桩号、高程、设计断面线、实测断面线，并适当标注超欠挖尺寸和范围。如果测量图上能明显画出规范允许的超欠挖线，则规范允许的超欠挖线也应标明，并应采用不同线型绘制各类开挖线。

（4）如果开挖后实测断面线存在欠挖，欠挖在规范允许范围内，可不作欠挖处理，工程量也不予扣除。欠挖在规范允许范围外时，应要求进行欠挖处理，欠挖处理不另外计量。如果经设计同意欠挖部分不作处理，应扣除欠挖工程量。

（5）如果开挖后实测断面线存在超挖，当超挖在规范允许范围内时，可不作超挖处理，超挖工程量也不予计量；当超挖在规范允许范围外时，如果是地质原因而造成的超挖，规范允许范围以外超挖部分量应给予计量（如规范允许超挖 15 cm，当地质原因而超挖50 cm时，则只计算允许超挖范围外的 35 cm 超挖量）。如果超挖不属于地质原因引起，超挖部分不予计量。

（6）当监理复核测量计算总量与承包人计算总量误差小于3%时（且测量断面无明显误差），按承包人计算总量结算；当误差大于3%时，应比较两者的测量断面图，找出原因。如果承包人不能出具证明材料，且监理单位测量无明显错误，则按监理复核测量计算总量结算。

（7）在进度款结算时，按开挖进尺的设计断面结算工程量。大型断面分层开挖时，按分层开挖设计断面及进尺进行月进度款结算。

3. 土石方填筑工程计量计算

（1）土石方填筑工程量应按不同工程项目以及施工图纸所示的不同区域分别列项，以 m^3 为单位计量，并按《工程量清单》中相应项目计量。

（2）土石方填筑量以实测地形和设计填筑线为基础进行计量，并按设计图纸确定的填筑料分区和合同文件规定的支付项目进行划分，以经过施工期间压实及自然沉陷以后的填筑压实方计量。

（3）超填部分不予计量，并按设计要求进行处理。

（4）欠填部分应予以补填，如设计认可不需补填，则以实测填筑线与原始地形线进行计量。

（5）监理复核测量填筑断面间距应小于 5 m，填筑断面图上应有原始地形线、设计填筑线和实测填筑线，并应标明桩号、高程、宽度等。

(6)当监理复核测量计算量与承包人计算量误差小于3%时(且测量断面无明显误差),按承包人计算量结算。当误差大于3%时,应比较两者的测量断面图,找出原因。如果承包人不能出具证明材料,且监理单位测量无明显错误,则按监理测量计算量结算。

(7)在进度款结算时,按小于或等于设计填筑断面的实测填筑断面进行结算。

4. 混凝土、浆砌石、干砌石、砌砖等工程量计算

(1)混凝土、浆砌石、干砌石、砌砖等以 m^3 为单位按施工图纸或监理人签认的建筑物轮廓线或构件边线内实际浇筑的混凝土计量,并按《工程量清单》中相应项目分别计量。

(2)当基础面为原始地形或由其他承包商开挖提供面时,应以基础面与设计断面线计算工程量。

(3)当基础面为同一个承包商开挖时,则以设计断面为基础计算工程量。当存在欠挖(设计同意不予处理)时,应扣除欠挖回填混凝土量。当存在超挖时,根据开挖计量原则,分为地质原因和非地质原因计量。属地质原因者,超挖回填部分予以计量;属非地质原因者,超挖回填部分不予计量。

(4)凡圆角或斜角、金属件占用的空间,或体积小于0.1 m^3,或截面面积小于0.1 m^2 的孔洞和预埋件占去的空间,在工程量计量中不予扣除。

(5)混凝土表面的修饰费用不予单列,包括在混凝土价格中。

(6)标准设计断面计算工程量以监理计算工程量为准。超欠挖回填工程量计算时,当监理复核测量(测量断面数应大于20%承包人测量断面数)计算量与承包人计算量误差小于3%时(且测量断面无明显误差),按承包人计算量结算;当误差大于3%时,应比较两者的测量断面图,找出原因。如果承包人不能出具证明材料,且监理单位测量无明显错误,则按监理测量计算量结算。

(7)混凝土每仓为一个单元,单元工程量计算主要用于进度款结算,监理人员应在验收后2天内完成该单元工程量计算,并由下班监理人员在3天内完成计算校核。对于混凝土衬砌等主体工程,只计算其设计结构工程量,基础面超欠挖回填量待测量成果出来后并确定出是否属于地质原因再予结算。对于挡墙工程,基础面部位按实测断面结算,基础面以上按设计结构断面计算,如基础面以上实际断面小于设计结构断面,应按实际断面进行计量。对于护坡工程,原则上应保证按设计厚度施工并结算,当因地质原因或其他非承包商的特殊原因造成坡面不规则时,监理人员在验收时应实测断面并详细记录,按实测断面进行计量结算。实测断面应具有代表性并能准确计算工程量,实测断面和计算稿均应归档备查。对于路面工程或硐室底板工程,检查合格后按设计断面进行计量。

(8)特殊情况下的计量必须征得总监理工程师的同意,并附文字、计算和说明,必要时应附照片等证明材料。

5. 钢筋、钢支撑等工程计量

(1)钢筋:按合同施工图纸配置的钢筋计算,各项钢筋分别按《工程量清单》所列项目以t或kg为单位计量。

(2)钢支撑:按监理批准的施工方案中配置的型钢或钢筋计算,以t或kg为单位计量。

(3)当未发生设计变更时,钢筋及钢支撑工程量以设计工程量为结算依据。

(4)当工程承包合同文件规定需另行计量支付时,以设计确定的或另行报经监理机构批准的实际布设或安装完成的工程量计量,并附说明。

(5)如设计工程量有明显错误的,监理人员应报告项目负责人或总监理工程师,并联系设计予以更正。

(6)钢筋应以设计图纸中钢筋直径和长度计算成重量进行计量,承包人为施工需要设置的架立筋、钢筋搭接、在切割和弯曲加工中损耗的钢筋重量等不予计量(已在单价中考虑)。因材料代用所引起的材料费用增加,不予计量。

(7)钢支撑及其附件按制成件的成型净尺寸和使用钢材规格的标准单位重量计算其工程量,不计其下料损耗量和施工安装等所需的附加钢材用量。

(8)在进行进度款结算时,应按钢筋制安高程及钢支撑分层支护予以初步计量,但每次应对已结算的总量进行核定,以防止超结和少结现象。

6.灌浆工程计量

(1)固结灌浆的计量以延米为单位,应按施工图纸并经监理人确认验收合格的实际灌注长度,按《工程量清单》中所列项目计量。

(2)回填灌浆的计量以 m^2 为单位(或合同规定),应按施工图纸指示并经监理人确认验收合格的实际合格灌注面积,按《工程量清单》中所列项目计量。

(3)灌浆应有灌浆自动记录仪,并按设计要求或监理批准的浆液比、灌浆压力、灌浆程序进行施工。

(4)灌浆孔钻孔(包括勘探孔、检查孔、观测孔、排水孔)按设计图纸或监理确认的实际钻孔进尺计量。因遇特殊地质情况,需要加深钻孔,或吸浆量异常时,应报监理工程师现场见证并签证,经监理工程师确认后方可计量。因承包人施工失误而报废的钻孔不予计量支付。

(5)固结灌浆孔及其检查孔等取芯钻孔,应经监理确认,按取芯样钻孔进尺计量支付。由于承包人失误未取得有效芯样时的钻孔不予计量支付。

(6)压水试验按实际压水操作台时数计量支付。

(7)固结灌浆的计量和支付按施工图纸和监理确认或实际记录的直接用于灌浆的干水泥重量计量。监理人员应随时检查承包人的水泥进货量、耗用水泥量、水灰比、灌浆记录仪记录量,应随时检查承包人的灌浆记录,对施工过程中不正常的浆液损耗情况进行及时检查记录,并做好监理日志。

(8)接触灌浆和回填灌浆应按设计图纸所示,并经监理验收确认的灌浆面积,以 m^2 为单位进行计量。监理人员应详细记录接触灌浆或回填灌浆的部位和时间,并随时检查承包人的灌浆记录,以作为计量依据。接触灌浆或回填灌浆计量应有计算稿,并归档备查。在遇有特殊地质情况需要回填时,应先报监理工程师见证认可,再会同业主、设计现场查看认同后按设计配合比进行实施。现场监理工程师应准确记录所回填的工程量,按 t 计量。

(9)帷幕灌浆的计量方法与固结灌浆相同。帷幕灌浆孔口管按 m 计量,但不得计算造孔量(已在灌浆造孔量中计费)。

(10)采用双液法灌浆时,应分别计算所耗用的水泥及化学材料的量,按重量计量。

灌浆时所采用的外加剂费用含在浆液单价内,不另计量。

(11)灌浆过程中正常发生的浆液损耗包含在相应灌浆单价中,不另计量。

7. 锚杆、预应力锚索计量

(1)锚杆和预应力锚索按不同长度、直径,以监理验收合格的锚杆安装根数计量。

(2)随机锚杆由监理部项目负责人以上人员或地质监理工程师根据现场地质情况确定施工范围或根数,随机锚杆的直径与长度应尽可能与系统锚杆一致,特殊情况下可以改变。现场监理人员发现不良地质情况应及时向上级领导或地质监理工程师汇报,并按其确定的随机锚杆施工范围和参数控制、检查施工质量,做好详细记录,用于项目负责人以上人员签署工程量签证单的备查资料。大面积需设置随机锚杆时应征得业主或设计的同意,并由设计单位出具设计修改通知单或由承包人出具工程联系单,并经监理审核报业主、设计同意后方可实施。

(3)未做拉拔试验或注浆密实度检测的锚杆,检查不合格的锚杆或预应力锚索不予计量结算。

(4)当地质条件特别差,锚杆钻孔深度部分达不到设计深度时,应对达不到设计深度的锚杆孔深进行逐个量测并记录,并按实际量测长度进行计量结算。

(5)当地质条件差,普通砂浆锚杆无法成孔,大面积需改用自进式中空注浆锚杆时,应征得业主和设计的同意,并由设计单位出具设计修改通知单或由承包人出具工程联系单,并经监理审核报业主、设计同意后方可实施。现场监理人员按其确定的锚杆施工范围和参数控制、灌浆时水泥用量检查施工质量,做好详细记录,用于项目负责人以上人员签署工程量签证单的备查资料。

8. 喷混凝土计量

(1)根据施工图所示或监理指示的范围,以设计厚度按 m^2 或 m^3 计量(由合同决定)。钢筋网按设计图或监理批准的范围、间距,以 t 计量(可换算成 t/m^2 乘以设计面积)。钢筋重量中应包括为固定钢筋网所需用的短筋的重量。

(2)未经厚度检测的喷混凝土不计量。

(3)经检测厚度达不到设计和规范要求的应予以补喷。

(4)结算前应对喷混凝土面积进行测量计算,测量图与计算稿应归档备查。

(5)因地质情况变化,局部需要更改或增减喷混凝土厚度、面积,更改挂钢筋网直径、间距、面积,必须经过总监理工程师的同意。工程量较大时必须征得业主或设计的同意,并由设计单位出具设计修改通知单或由承包人出具工程联系单,并经监理审核报业主、设计同意后方可实施。

9. 其他计量

其他零星工程量由现场监理员根据合同条款、施工图纸、施工方案等,结合工程实际情况进行计量。

10. 总价支付工程项目计量

由承包人按合同文件规定编制总价支付工程项目分解表,报经监理机构批准后,以项目细分工程量为结算量,按工程实物量完成或工程进展比例来计量。

(六)工程计量一般规定

(1)工程数量应按上述规定的工程量计算规则计算。

(2)工程数量的有效位数应遵守下列规定。

以 t 为单位,应保留小数点后三位数字,第四位四舍五入;

以 m^3、m^2、m 为单位,应保留小数点后两位数字,第三位四舍五入;

以个、项等为单位,应取整数;

以 kg 为单位,应取整数,四舍五入,不计小数。

(七)工程计量程序

(1)工程项目开工前,监理机构应督促承包人及时完成原始地面地形测绘并将测绘成果报送监理机构检测复核。

(2)单元工程或分项工程完成后,承包人应及时向监理机构提出工程计量申报。

(3)工程计量量测由监理机构和承包人共同进行,由承包人提交量测记录与成果报监理机构复测审核后认证。

十、监理会议制度

(一)监理内部碰头会

监理部定期召开内部碰头会,会议由总监理工程师主持,全体监理工程师参加。会议主要内容有:

(1)各项目监理工程师汇报分管项目上周的进度、质量情况,施工中存在的问题,需在例会上解决的问题,下周施工要注意的问题以及监理工作要点。

(2)对施工中的一些重大技术、质量、管理问题进行讨论,达成共识。

(3)总监理工程师布置下周工作任务和要求。

(二)工程周例会

每周二下午召开由总监理工程师或委托人主持召开工程周例会。参加人员有总监理工程师及有关监理人员,承包人生产、技术、质量负责人,业主人员,设计代表。

会议主要内容有:

(1)承包人汇报上周施工情况(进度、质量、安全等),施工中存在的问题,下周施工安排等。

(2)检查上次会议决议落实情况,检查未完事项及其原因。

(3)检查进度执行情况,研究承包人的人力、设备投入情况和实现进度目标的措施。

(4)材料、构配件和设备供应情况及存在的质量问题与改进建议。

(5)工程的质量和技术方面的有关问题与改进要求。

(6)设计变更、洽商主要问题。

(7)违约、工期、费用索赔的意向及处理情况。

(8)其他事项(如需业主协调的问题)。

会议纪要经总监理工程师审定后,在工程周例会后第二天由项目监理工程师将整理的会议纪要发各单位。如果例会上几方共同作出了较重要的决定,则需各方在会议纪要上签字。

(三)月进度会议

月进度会议与周例会结合在每月的下旬召开,主要内容有:

(1)承包人介绍上月合同计划执行情况和工程质量状况,以及需要协调解决的问题。

(2)监理单位就合同执行情况进行总结,指出施工中存在的问题及改进建议与要求,并就承包人提出的问题进行协调解决。

(四)专题会议

当工程施工遇到可能影响工期、质量、造价的重大问题时,总监理工程师将召集业主、设代、承包人一起开会研究解决问题的方法。专题会议不定期召开,会议纪要由监理整理后,交总监理工程师签发。

十一、安全管理制度

监理部本着"安全生产、人人有责"的原则,坚持"安全第一、预防为主、综合治理"的方针,按国家有关安全生产规定制定工程项目安全管理制度如下:

(1)总监理工程师是监理部安全管理第一责任人,监理部在总监理工程师的统一领导下,委派专职安全监理工程师负责标内施工现场的安全管理工作。督促检查承包商建立健全安全生产管理体系,严格执行各项安全管理制度,全体监理人员对自己分管的工作项目、人员、机械、设备等的安全负责。

(2)贯彻执行国家、地方颁布的有关法律、法规,认真学习有关安全预防、救护等方面的知识。

(3)应服从由业主组织,监理、承包人参加的安全生产委员会的统一领导,定期组织全工区内安全生产检查,一般情况定为一月一次。防洪期间及特殊情况下,每周一次或由专职安全监理工程师报总监理工程师批准后临时决定检查时间。

(4)监理人员进入施工现场,必须佩戴安全帽,严禁穿拖鞋、高跟鞋,严格遵守施工现场安全规定。在攀高时,一定要做好防滑措施。雨天,严禁在陡坡(特别是陡崖)上行走。雨后,也要等地表干燥,并做好完善的安全防护措施,方可开展工作。

(5)监理人员在施工现场如发现不安全因素或隐患,有责任立即通知承包商及时予以排除,并及时向专职安全监理工程师(直至总监)报告。特别严重时,还应召集业主、设代人员与承包商技术负责人共同研讨,处理方案由承包商拟订书面材料报监理部审批后交承包商实施,把可能出现的事故消灭在萌芽状态。

(6)对不具备安全生产条件的项目(或部位),监理部有权不予批准开工。在施工过程中,若发现不按安全生产规程施工,有可能造成严重后果,监理部有权责令其暂停施工,待对此妥善处理完毕后,方可恢复施工。

(7)对标内承包商施工过程中的重大事故(人员伤亡或机械设备严重损坏),监理部专职安全监理工程师应及时、认真、实事求是地调查事故原因,明确事故责任方或主要责任方,写出书面材料,经总监理工程师审批后及时向业主报告。

(8)监理人员严格按相应的操作规程使用仪器、仪表等设备,并且妥善保管,注意定期保养和维护,遗失或因本人使用不当而损坏,按监理部有关规定处理。

(9)全体监理人员有责任做好内部防火、防盗、防触电等预防工作,做好有关文件的整理归档。

(10)分月、季度、年终对每位监理人员进行安全生产考评,对于违犯安全生产条例人员以及安全事故责任人将分别给予警告、罚款、通报甚至清退。

十二、内业及外业资料抽查制度

为了加强各项目的管理力度,加大横向监理工作的控制,把存在的问题及时消灭在萌芽阶段,达到各项目相互促进、相互借鉴的目的,不定期地进行内业及外业抽查。具体要求如下。

(一)抽查形式

(1)抽查频次:每星期抽查1次,具体时间视本项目监理工作的安排自行决定。

(2)抽查人员组成:副总监理工程师和1名项目工程师或专业工程师,必要时可请总监理工程师或副总监理工程师参加。

(3)抽查对象:监理文件。

(4)抽查方式:各项目点互相检查。

(二)抽查内容

1. 内业

单位工程和分部分项工程施工组织措施、组织机构和保证体系、人员资质、工序检查和验收及评定资料、监理发文的反馈(闭合)资料、监理程序的运作情况等。

2. 外业

人员值班情况、各工序控制情况、成品及半成品的质量情况、安全文明施工情况等。

3. 抽查报告

抽查完毕的第二天提交一份抽查报告,通过综合部以监理内部发文的形式,发给被抽查项目负责人、总监理工程师。

抽查报告的内容不得泛泛而谈,必须极具针对性,要十分具体。

4. 落实及反馈

各项目必须认真检查、落实抽查报告,提出整改措施及整改完成时间,整改完成后及时提交整改报告,交综合部,通过综合部发相关人员(抽查人、总监等)。

5. 复查

对整改完成的各项内容,检查责任人必须进行复查,复查结果须口头向总监理工程师汇报。

十三、监理人员廉政及工作纪律制度

(1)自觉遵守党和国家、地方颁布的法律、法规,尊重当地风俗习惯。

(2)自觉遵守工区内各有关单位(包括监理部)制定的各项规章制度。

(3)不得泄露工程项目要求保密的各类文件、决定的事件,不得自行变更和修改设计。

(4)服从工作安排,坚守工作岗位,不准擅离职守,有事必须请假,自觉做好本职工作。

(5)自觉遵守劳动纪律、作息制度。

(6)对内加强团结,礼貌待人,互相尊重,互相支持,齐心协力。对外言行一致,文明礼貌,举止端庄,说话和气,服务热情。

(7)不准参与打麻将、打扑克等赌博活动。一经发现,将根据情节轻重给予严肃处理,直至解除劳动合同。

(8)不准参加毒、赌、黄及封建迷信活动,坚决杜绝一切违法犯罪行为。

(9)不准接受承包人的邀请到歌舞厅、桑拿、按摩等娱乐场所活动,一经发现,将予以教育、警告,屡教不改的,将解除劳动合同。

(10)不准接受承包人的宴请,一经发现,第一次警告,第二次严重警告,直至解除劳动合同。

(11)不准接受承包人的财物,一经核实将严肃处理,直至解除劳动合同。

(12)监理人员不得向承包人介绍施工队伍,不得向承包人推销有关产品,一经发现,解除劳动合同。

十四、验收、质量评定制度

为做好工程建设中的质量管理工作,搞好工程创优、评先工作,特依据水利水电基本建设工程单元工程质量等级评定标准及国家有关规定,制定本制度。

(一)单元工程验收、质量评定工作程序

(1)监理工程师在收到验收申请报告后24小时内(必要时组织设计、建设单位参加)进行现场验收和质量评定,验收评定工作完成(单元工程或工序质量至少达到合格标准)后现场签证,验收报告、质量评定表等返还承包人一份。

(2)分工序验收的单元工程,验收报告、第一道工序质量评定表应在该工序验收前8小时提交监理工程师。工序验收合格后填写施工质量工序检验合格证和相应工序质量评定等级表,工序检验合格证上由工序验收工程师填写"××工序验收合格,允许进行下一工序施工"并签名、注明日期后返还承包人一份。本单元工程以后工序验收时填写工序检验合格证和相应工序质量评定表,与第一道工序所填表格汇总即为本单元工程所有表格,并据此得出该单元工程质量等级。

(3)工程项目单元工程验收采取一次验收合格率制度,即承包人"三检"合格报送后,单元工程待验质量应达到工程师现场验收一次通过(最少合格)的要求。若第一次验收未通过,承包人应立即按工程师要求进行处理。若第二次验收仍未通过,工程师将给予承包人警告(书面或口头)。若第三次还未通过,或本分部工程本月内一次验收合格率在90%以下,监理将建议承包人撤换质检工程师或采取其他措施。

(二)填写要求

(1)所有正式表格、文件的填写必须采用碳素墨水或蓝黑墨水填写,填写字迹工整、清晰,填写日期完整。

(2)填写格式和单元工程编号要求统一、规范,表格内不留空格,凡不填写的空格一律用"/"画写。

(3)混凝土、喷混凝土等与龄期有关的单元工程质量评定项目在每月承包人质量月报提交时进行，即每月25～28日对上月25日以前项目进行评定。

（三）单元质量评定标准

（1）单元工程质量评定等级分“合格”、“优良”两种。

（2）合格标准。

①主要检查项目必须符合相应质量评定标准的规定。

②其他一般检查项目的抽检应符合相应质量检验评定的合格标准或基本符合标准。

③允许偏差项目抽检的点数中，70%及其以上的实测值应在相应质量检验评定标准的允许偏差范围内。

（3）优良标准。

①主要检查项目必须符合相应质量评定标准的规定。

②其他一般检查项目的抽检应符合相应质量检验评定的合格标准（基本符合标准）。其中有50%及其以上的项目应符合优良标准（符合标准），该项即为优良，优良项数应占检验项数50%及其以上。

③允许偏差项目抽检的点数中，90%及其以上的实测值应在相应质量检验评定标准的允许偏差范围内。

（4）单元工程达不到合格标准，必须进行返工处理。返工处理后质量等级的确定：

①全部返工重做的工程，可重新评定质量等级。

②经加固补强或经法定检测单位鉴定能够达到设计要求的，其质量等级的确定：

a. 经加固补强能够达到设计要求的，是指加固补强后未造成改变外形尺寸或未造成永久性缺陷的。如混凝土由于浇筑不密实，使构件发生了孔洞或主筋露筋的缺陷，并超过了合格的规定，经采用高一级强度的细石混凝土进行补强后再次检查达到设计要求的。

b. 经法定检测单位鉴定达到设计要求的，主要是指当留置的试块失去代表性，或因故造成缺少试块的情况，以及试块试验报告缺少某项有关主要内容。也包括对试验报告结果有怀疑时，请国家或地方认定批准的检测单位，对工程进行检验测试。其测试结果证明，该单元工程质量是能够达到设计要求的。

凡出现上述a、b两种情况，单元工程的质量经处理后都只能评定为合格质量等级，不能评为优良。

③经法定检测单位鉴定达不到原设计要求，但经设计单位鉴定认可，能满足结构安全及使用功能要求，可不加固补强的，或经加固补强改变了外形尺寸或造成永久性缺陷的，其质量等级的确定：

a. 经法定检测单位鉴定，工程质量虽未达到设计要求，但经设计单位验算尚可满足结构安全和使用功能要求，而无须加固补强的单元工程。

b. 一些出现达不到设计要求的工程，经过验算满足不了结构安全或使用功能，需要进行加固补强，但加固补强后改变了外形尺寸或造成永久缺陷的，如补强加大了截面，增大了体积，设置了支撑，加设了牛腿等，使原设计的外形尺寸有了变化。

对于上述a、b两种情况，单元工程质量可定为合格，所在分部工程质量不能评为优良。

④质量评定表中“符合规范要求”指合同规定所采用的规范。

(四)质量评定表中检测点数的规定

(1)质量评定表中检测成果均以实测值填在相应表格内,不能以其他符号或文字叙述代替。

(2)岩石边坡开挖工程总检测点数量:500 m^2 及其以内,不少于 20 个;500 m^2 以上,不少于 30 个;局部突出或凹陷部位(面积在 0.5 m^2 以上者)应增设检测点。

(3)岩石基础开挖工程总检测点数量:200 m^2 及其以内,不少于 20 个;200 m^2 以上,不少于 30 个;局部突出或凹陷部位(面积在 0.5 m^2 以上者)应增设检测点。

(4)软基和岸坡开挖工程,按 50 ~ 100 m 正方形检查网进行取样,局部可加密至 15 ~ 25 m。

(5)混凝土工程。

①模板检测数量按水平线(或垂直线)布置检测点,模板面积在 100 m^2 以内,不少于 20 个;100 m^2 以上,不少于 30 个。

②钢筋检测先进行宏观检查,没有发现明显不合格处(若有,必须处理合格),即可进行抽样检查。对于梁、板、柱等小型构件,总检测点数不少于 30 个,其余总检测点数一般不少于 50 个。

③混凝土止水、伸缩缝和排水管检测。一个单元工程中若同时有止水、伸缩缝和排水管三项,则每一单项的检测点数不少于 8 个,总检测点数不少于 30 个。若只有其中的一项或两项,总检测点数不少于 20 个。

④混凝土浇筑按浇筑时和拆模后分别进行检查。

(6)钢筋混凝土预制构件安装工程,按要求逐项检查,总检测点数不少于 20 个。

(7)岩石地基帷幕灌浆逐孔进行质量检查。单元内灌浆孔全部合格,其中优良灌浆孔占 70% 及其以上的,评为优良。优良灌浆孔不足 70%,评为合格。

(8)岩石地基固结灌浆逐孔进行质量检查。单元内灌浆孔全部合格,其中优良灌浆孔占 70% 及其以上的,评为优良。优良灌浆孔不足 70%,评为合格。

(9)岩石地基回填灌浆,按要求逐项检查,总检测点数不少于 30 个。

(10)基础排水孔工程逐孔进行质量检查。单元内灌浆孔全部合格,其中优良灌浆孔占 70% 及其以上的,评为优良。优良灌浆孔不足 70%,评为合格。

(11)锚喷支护工程。

按一次锚喷支护施工区、段划分单元工程,若同时有锚杆支护及喷混凝土支护,在两项全部合格的基础上,其中一项或两项同时达到优良,则该单元评为优良,否则评为合格。若只有一项,则以该项评定为准。

①锚杆的锚孔采用抽样检查,总抽样数量为 10% ~ 15%,但不少于 20 根。锚杆总量少于 20 根时,进行全数检查。锚杆拔力检查,每 300 ~ 400 根(或按设计要求)抽样不少于一组(三根)。

②喷混凝土:每 20 ~ 50 m 设检查断面一个,每断面不少于 5 个检查点。每 100 m^3 喷混凝土的混合料试件数不少于 2 组,做喷混凝土性能试验。

(12)砂石骨料检查数量:按月或季度进行抽样检查,一般 500 m^3 砂石骨料,在净料堆放场取一组样,按月检查分析时,总抽样数量不少于 10 组;按季检查抽样时,总抽样数量不少于20组。

(13)混凝土拌和各检查项目检测次数,按施工规范和设计要求进行,但每月内每项检测次数不得少于30次。混凝土拌和质量总评定:在同一月或季内任一强度等级混凝土,凡混凝土拌和质量优良或合格,混凝土试块质量优良,即评为优良;凡混凝土拌和、试块质量均为合格,即评为合格。

(14)混凝土预制构件制作按月或季度进行抽样检查分析,按构件各种类型的件数,各抽查10%,但月检查不少于3件,季检查不少于5件。

十五、监理报告制度

监理机构将按照监理合同要求,定期向业主上报监理周报、监理月报、监理年报和质量、安全月报。

(1)监理周报主要内容为:

①施工质量情况。

②工程进展情况。

③进场施工机械设备及劳动力动态。

④工程建设大事记。

⑤存在的问题与建议。

(2)监理月报、监理年报主要内容为:

①施工质量情况。

②工程进展情况。

③进场施工机械设备及劳动力动态。

④合同变更和工程变更情况。

⑤工程支付情况。

⑥监理工作情况。

⑦工程建设大事记。

⑧存在的问题与建议。

(3)质量、安全月报为质量、安全方面的专题报告。

(4)监理部将本着与业主充分沟通、向业主全面反映情况的原则,根据工程管理和业主决策的需要,及时向业主提交各种不定期报告,如:

①关于工程优化设计或变更或施工进展的建议。

②资金、资源投入及合理配置的建议。

③工程进展预测分析报告。

④业主合理要求提交的其他报告。

⑤工程阶段验收,竣工验收监理工作报告。

十六、工程竣工资料整理有关规定

严格执行《水利水电建设工程验收规程》(SL 223—2008)(简称《规程》)。该《规程》1.0.14款指出,验收资料制备由项目法人负责统一组织,有关单位应按项目法人的要求及时完成。验收所需提供资料目录见表12-1，所需备查资料目录见表12-2。

表12-1　验收所需提供资料目录

序号	资料名称	分部工程验收	阶段验收	单位工程验收	竣工验收		提供单位
					初步验收	竣工验收	
1	工程建设管理工作报告		√	√	√	√	项目法人
2	工程建设大事记			√	√	√	项目法人
3	拟验工程清单、未完工程清单、未完工程的建设安排及完成工期、存在的问题及解决建议		√	√	√	√	项目法人
4	初步验收工作报告					√	项目法人
5	验收鉴定书(草稿)					√	项目法人
6	工程运用和度汛方案		√	√	√	√	项目法人和设计、承包人共同研究后，项目法人汇总提供
7	工程建设监理工作报告		√	√	√	√	监理单位
8	工程设计工作报告		√	√	√	√	设计单位
9	水利水电工程质量评定报告		*	*	*	√	质量监督部门
10	工程施工管理工作报告		√	√	√	√	承包人
11	重大技术问题专题报告		√	√	√	√	项目法人
12	工程运行管理准备工作报告			√	√	√	管理单位、承包人
13	工程建设征地补偿及移民安置工作报告		√	√	√	√	承担工作的地方政府或其指定的单位
14	工程档案资料自检报告				√	√	项目法人

注：符号"√"表示"应提供"，符号"*"表示"宜提供"。

由表12-1可知：监理单位应提供的验收资料为工程建设监理工作报告，而且要求在分部工程验收阶段起，乃至单位工程验收、竣工验收都应提供。除此之外，还应检查督促承包人按照此项规定提供相应资料。

表 12-2　验收应准备的备查资料目录

序号	资料名称	分部工程验收	阶段验收	单位工程验收	竣工验收		提供单位
					初步验收	竣工验收	
1	可研报告及有关单位批文		√	√	√	√	项目法人
2	地质、勘察、水文、气象等设计基础资料		√	√	√		设计单位
3	初步设计及批复,其他设计文件		√	√	√	√	设计单位
4	工程建设中的咨询报告		√	√	√	√	项目法人
5	工程招标文件		√	√	√	√	项目法人
6	工程承发包合同及协议书(包括设计、施工、监理等)		√	√	√	√	项目法人
7	征用土地批文及附件			√	√	√	项目法人
8	单元工程质量评定资料	√	√	√	√	√	承包人
9	分部工程质量评定资料		√	√	√	√	项目法人
10	单位工程质量评定资料			√	√	√	项目法人
11	工程建设有关会议记录,记载重大事件的声像资料及文字说明	√	√	√	√	√	项目法人
12	工程建设监理资料	√	√	√	√	√	监理单位
13	工程运用及调度方案		√	√	√	√	设计单位
14	施工图纸,设计变更,施工技术说明	√	√	√	√	√	设计单位
15	竣工图纸		√	√	√	√	承包人
16	重大事故处理记录	√	√	√	√	√	承包人
17	设备产品出厂资料,图纸说明书,测绘验收,安装调试、性能鉴定及试运行等资料	√	√	√	√	√	承包人
18	各种原材料、构件质量鉴定、检查检测试验资料	√	√	√	√	√	承包人
19	征地补偿和移民安置资料		√	√	√	√	承担工作的地方政府或其指定单位
20	竣工决算报告及有关资料					√	项目法人
21	竣工审计资料				√	√	项目法人
22	其他有关资料	√	√	√	√	√	有关单位

由表12-2可知:监理单位应提供的验收备查资料为工程建设监理资料,而且要求在阶段验收起,乃至单位工程验收、竣工验收都应该提供。除此之外,还应检查督促承包人按照此项规定提供相应资料。

《规程》要求的工程建设监理工作报告内容、格式如下:

(1)工程概况。

(2)监理规划。

监理规划及监理制度的建立、组织机构的设置、检测采用的方法和主要设备等。

(3)监理过程。

监理过程主要叙述"三控制、两管理、一协调"情况。

(4)监理效果。

监理效果是对工程投资质量进度控制进行综合评价。

(5)经验与建议。

(6)附件。

监理机构的设置与主要工作人员情况表。

工程建设监理大事记。

《规程》要求的工程施工管理工作报告内容格式如下:

(1)工程概况。

(2)工程投标。

工程投标包括投标过程、投标书编制原则等。

(3)施工总布置、总进度和完成的主要工程量。

施工总布置、总进度和完成的主要工程量包括施工总体布置、施工总进度以及分阶段施工进度安排(附施工场地总布置图和施工总进度表),分析工程提前或推迟完成的原因,主要项目施工情况等。

(4)主要施工方法。

施工中采用的主要施工方法及应用于工程项目的新技术、新设备、新方法和施工科研情况等。

(5)施工质量管理。

施工质量管理包括施工质量保证体系及实施情况、质量事故及处理、工程施工质量自检情况等。

(6)文明施工与安全生产。

(7)价款结算与财务管理。

合同价与实际结算价的分析、盈亏的主要原因等。

(8)经验与建议。

(9)附件。

施工管理机构设置及主要工作人员情况表。

投标时计划投入的资源与施工实际投入资源情况表。

工程施工管理大事记。

第二节　劳动保护与考评制度

一、劳保用品管理制度

为了保护监理部员工的安全和身体健康，有利于安全地开展施工现场正常工作，监理部定期为员工配备劳保用品，劳保用品的配备以"实用、需要、节俭"为原则。

（一）劳保用品配备标准

劳保用品配备标准见表 12-3。

表 12-3　劳保用品配备标准

编号	劳保用品名称	单位	数量	使用时限
1	安全帽	顶	1	3 年
2	工作服	套	2	2 年
3	长筒雨鞋	双	1	1 年
4	工程鞋	双	1	1 年
5	手套	双	1	1 个月
6	雨衣	件	1	2 年
7	背包	个	1	2 年
8	雨伞	把	1	1 年
9	手电筒	只	1	2 年
10	棉军大衣	件	1	3 年
11	防尘口罩	个	2	1 个月

（二）劳保用品采购

劳保用品采购由办公室牵头，工作服、棉军大衣、工程鞋等必须在市场询价后得到总监理工程师的同意后统一采购。

（三）劳保用品保管、分发

劳保用品的保管、分发由办公室负责，应建立严格的入库、出库及领用登记手续。

（四）劳保用品领用、使用

原则上定期通知发放，合同部、办公室文秘、厨师、司机等辅助人员根据实际需要领取劳保用品。员工应妥善保管并爱惜使用劳保用品，必要的劳保用品如雨鞋、手套、防尘口罩等，可根据需要领用及更新。

二、监理人员管理考评办法

（一）总则

为了保证监理工作顺利进行，加强监理部内部管理，强化监理人员责任，根据国家有关规定、监理合同及业主要求，结合监理工作实际情况特制定本考评办法。

（二）考评办法

监理部对监理人员的工作情况实行考评制度，考评内容按工作内容进行细化，根据细化的工作内容确定考评分值，按分值进行打分。100 分为满分，60 分为及格，100 分减去考评扣分除以 100 为实际得分的百分比。

当月考评不及格或因工作失误造成不良后果时，由总监理工程师发出《告诫通知书》，累计有三次考评不及格或连续三次得到《告诫通知书》的，由总监理工程师发出《培训通知书》或辞退。

三、监理人员考评表

监理人员考评表如表 12-3 所示。

表 12-3　监理人员考评表

考核项目　　　　　　　　　　　　　　　　　　　　　　　　　　得分

项次		项目内容	85～100 分	70～85 分	60～70 分	60 分以下
工作考核（35 分）	1	工作能力				
	2	责任心				
	3	组织能力				
	4	胜任工作评价				
	5	管理水平				
团队精神（20 分）	1	民主集中制				
	2	团队作用、发挥				
	3	民主、团结				
	4	生活				
各方关系（20 分）	1	与业主的关系				
	2	与设计的关系				
	3	与施工单位的关系				
	4	与质量监督站的关系				
经营管理（15 分）	1	文明管理				
	2	精细管理				
	3	计划完成情况				
遵章守纪（10 分）	1	遵守各项规章制度				
	2	遵守法律法规				

第十三章　监理常用表格

CB01　**施工技术方案申报表**

（承包[　　]技案　　号）

合同名称：　　　　　　　　　　　　　　　　　　　合同编号：

<table>
<tr><td>致：（监理机构）
我方今提交________________________工程（名称及编码）的：
□施工组织设计　　　　　　　□施工措施计划
□工程测量施测计划和方案　　□施工工法
□工程放样计划　　　　　　　□混凝土配合比

请贵方审批。

承　包　人：（全称及盖章）
技术负责人：（签名）
日　　　期：　　年　月　日</td></tr>
<tr><td>监理机构将另行签发审批意见。

监理机构：（全称及盖章）
签 收 人：（签名）
日　　期：　　年　月　日</td></tr>
</table>

CB02　**施工进度计划申报表**

（承包[　　]进度　　号）

合同名称：　　　　　　　　　　　　　　　　　　　合同编号：

<table>
<tr><td>致：（承包人）
你　　年　月　日报送的　　　　　工程　　季　月施工进度计划，经审核，请按审查意见或修正的计划执行。

附件：修改后的生产计划（必要时）

监理工程师　　　　　日期　　　总监理工程师　　　　　日期

监理工程师简要说明：</td></tr>
</table>

CB03 施工图用图计划报告

（承包[ ]图计 号）

合同名称： 合同编号：

致：（监理机构）

我方今提交________________工程（名称及编码）的：

□（总）用图计划 □时段用图计划

请贵方审批。

附件：1. 施工进度计划。

2.

承 包 人：（全称及盖章）

项目经理：（签名）

日 期： 年 月 日

监理机构将另行签发审批意见。

监理机构：（全称及盖章）

签 收 人：（签名）

日 期： 年 月 日

CB04 资金流计划申报表

（承包[ ]资金 号）

合同名称： 合同编号：

致：（监理机构）

我方今提交________________工程项目的资金流计划，请贵方审核。

年	月	工程和材料预付款	完成工作量付款	保留金扣留	其他	应得付款
合计						

附件：计划使用金额计算说明。

承 包 人：（全称及盖章）

项目经理：（签名）

日 期： 年 月 日

监理机构将另行签发审核意见。

监理机构：（全称及盖章）

签 收 人：（签名）

日 期： 年 月 日

CB05 施工分包申报表

（承包[ ]分包 号）

合同名称： 合同编号：

致：（监理机构）

根据施工合同约定和工程需要，我方拟将本申请表中所列项目分包给所选分包人。经考察，所选分包人具备按照合同要求完成所分包工程的资质、经验、技术和管理水平、资源和财务能力，并具有良好的业绩和信誉，请贵方审核。

分包人名称						
分包工程编码	分包工程名称	单位	数量	单价	分包金额（万元）	占合同总金额的百分比（%）
合计						

附件：分包人简况（包括分包人资质、经验、能力、信誉、财务、主要人员经历等资料）。

承 包 人：（全称及盖章）
项目经理：（签名）
日 期： 年 月 日

监理机构将另行签发审核意见。

监理机构：（全称及盖章）
签 收 人：（签名）
日 期： 年 月 日

CB06 现场组织机构及主要人员报审表

（承包[ ]机人 号）

合同名称： 合同编号：

致：（监理机构）

现提交第________次现场组织机构及主要人员报审表，请贵方审核。

附件：1. 组织机构图。

2. 部门职责及主要人员数量与分工。

3. 人员清单及其资格或岗位证书。

承 包 人：（全称及盖章）
项目经理：（签名）
日 期： 年 月 日

（审核意见）

监 理 机 构：（全称及盖章）
监理工程师：（签名）
日 期： 年 月 日

CB07　材料/构配件进场报验单

（承包[　　]材验　　号）

合同名称：　　　　　　　　　　　　　　　　　　　　合同编号：

致：（监理机构）

我方于____年___月___日进场的工程材料/构配件如下表。拟用于下述部位：

1.__________;2.__________;3.__________。

经自检，符合技术规范和合同要求，请贵方审核，并准予进场使用。

序号	材料/构配件名称	材料/构配件来源、产地	材料/构配件规格	用途	本批材料/构配件数量	承包人试验			
						试样来源	取样日期、地点	试验日期、操作人	试验结果

附件：1.出厂合格证。　　2.检验报告。　　3.质量保证书。　　4.

承 包 人：（全称及盖章）

项目经理：（签名）

日　　期：　　年　月　日

（审核意见）

监 理 机 构：（全称及盖章）

监理工程师：（签名）

日　　期：　　年　月　日

CB08　施工设备进场报验单

（承包[　　]设备　　号）

合同名称：　　　　　　　　　　　　　　　　　　　　合同编号：

致：（监理机构）

我方于____年___月___日进场的施工设备如下表。拟用于下述部位：

1.__________;2.__________;3.__________。

经自检，符合技术规范和合同要求，请贵方审核，并准予进场使用。

序号	设备名称	规格型号	数量	进场日期	计划	完好状况	拟用工程项目	设备权属	生产能力	备注

附件：

承 包 人：（全称及盖章）

项目经理：（签名）

日　　期：　　年　月　日

（审核意见）

监 理 机 构：（全称及盖章）

监理工程师：（签名）

日　　期：　　年　月　日

CB09 工程预付款申报表

（承包[ ]工预付 号）

合同名称： 合同编号：

<table>
<tr><td>致：（监理机构）
我方承担的________合同项目，依据施工合同约定，已具备工程预付款支付条件，现申请支付第____次预付款，金额总计为（大写）________（小写________），请贵方审核。
附件：1. 已具备的条件。 2. 计算依据及结果。
3.

承 包 人：（全称及盖章）
项目经理：（签名）
日 期： 年 月 日</td></tr>
<tr><td>通过审核后，监理机构将另行签发工程预付款支付证书。

监理机构：（全称及盖章）
签 收 人：（签名）
日 期： 年 月 日</td></tr>
</table>

CB10 工程材料预付款报审表

（承包[ ]材料付 号）

合同名称： 合同编号：

<table>
<tr><td colspan="10">致：（监理机构）
下列材料、设备我方已采购进场，经自检和监理机构检验，符合技术规范和合同要求，特申请材料预付款，请贵方审核。</td></tr>
<tr><td>项目号</td><td>材料、设备名称</td><td>规格</td><td>型号</td><td>单位</td><td>数量</td><td>单价</td><td>合价</td><td>付款收据编号</td><td>监理审核意见</td></tr>
<tr><td></td><td></td><td></td><td></td><td></td><td></td><td></td><td></td><td></td><td></td></tr>
<tr><td></td><td></td><td></td><td></td><td></td><td></td><td></td><td></td><td></td><td></td></tr>
<tr><td>小计</td><td></td><td></td><td></td><td></td><td></td><td></td><td></td><td></td><td></td></tr>
<tr><td colspan="10">附件：1. 材料、设备采购付款收据复印件____张。 2. 材料、设备报验单____份。
3.

承 包 人：（全称及盖章）
项目经理：（签名）
日 期： 年 月 日</td></tr>
<tr><td colspan="10">经审核，本批材料预付款额为（大写）________（小写________）。

监 理 机 构：（全称及盖章）
总监理工程师：（签名）
日 期： 年 月 日</td></tr>
</table>

CB11 施工放样报验单

（承包[ ]放样 号）

合同名称：　　　　　　　　　　　　　　　　合同编号：

致：（监理机构）

根据施工合同要求，我方已完成________工程的施工放样工作，请贵方核验。

附件：测量放样资料。

序号或位置	工程或部位名称	放样内容	备注

（自检结果）

承 包 人：（全称及盖章）

技术负责人：（签名）

项目经理：（签名）

日　　期：　　年　月　日

（核验意见）

监理机构：（全称及盖章）

监理工程师：（签名）

日　　期：　　年　月　日

CB12 联合测量通知单

（承包[ ]联测 号）

合同名称：　　　　　　　　　　　　　　　　合同编号：

致：（监理机构）

根据工程进度情况和施工合同约定，我方拟进行工程测量工作，请贵方派员参加。

施测工程部位：

测量工作内容：

任务要点：

施测时间：____年____月____日至____年____月____日

承 包 人：（全称及盖章）

项目经理：（签名）

日　　期：　　年　月　日

□拟于____年____月____日派监理人员参加联合测量。

□不派人参加联合测量，你方测量后将测量结果报我方审核。

监理机构：（全称及盖章）

监理工程师：（签名）

日　　期：　　年　月　日

CB13 施工测量成果报验单

（承包[ ]测量 号）

合同名称： 合同编号：

<table>
<tr><td colspan="4">致：（监理机构）
我方测量成果经审查合格，特此申报，请贵方核验。</td></tr>
<tr><td>单位工程名称及编码</td><td></td><td>分部工程名称及编码</td><td></td></tr>
<tr><td>单元工程名称及编码</td><td></td><td>施测部位</td><td></td></tr>
<tr><td>施测内容</td><td colspan="3"></td></tr>
<tr><td>施测单位</td><td></td><td colspan="2">施测单位负责人：（签名）
日 期： 年 月 日</td></tr>
<tr><td>施测说明</td><td colspan="3"></td></tr>
<tr><td colspan="4">承包人复查记录：
复 检 人：（签名）
日 期： 年 月 日</td></tr>
<tr><td colspan="4">附件：1. 2. 3.
承 包 人：（全称及盖章）
项目经理：（签名）
日 期： 年 月 日</td></tr>
<tr><td colspan="4">（核验意见）
监 理 机 构：（全称及盖章）
监理工程师：（签名）
日 期： 年 月 日</td></tr>
</table>

CB14 合同项目开工申请表

（承包[ ]合开工 号）

合同名称： 合同编号：

<table>
<tr><td>致：（监理机构）
我方承担的____________________合同项目工程，已完成了各项准备工作，具备了开工条件，现申请开工，请贵方审批。

附件：1. 开工申请报告。 2. 已具备的形式条件证明文件。
3.
承 包 人：（全称及盖章）
项目经理：（签名）
日 期： 年 月 日</td></tr>
<tr><td>审批后另行签发合同项目开工令。

监理机构：（全称及盖章）
签 收 人：（签名）
日 期： 年 月 日</td></tr>
</table>

CB15　分部工程开工申请表

（承包[　　]分开工　　号）

合同名称：　　　　　　　　　　　　　　　　合同编号：

<table>
<tr><td colspan="4">致：（监理机构）
本分部工程已具备开工条件，施工准备工作已就绪，请贵方审批。</td></tr>
<tr><td colspan="2">申请开工分部工程
名称、编码</td><td colspan="2"></td></tr>
<tr><td colspan="2">申请开工日期</td><td>计划工期</td><td>____年__月__日至
____年__月__日</td></tr>
<tr><td rowspan="10">承包人
施工
准备
工作
自检
记录</td><td>序号</td><td>检查内容</td><td>检查结果</td></tr>
<tr><td>1</td><td>施工图纸、技术标准、施工技术交底情况</td><td></td></tr>
<tr><td>2</td><td>主要施工设备到位情况</td><td></td></tr>
<tr><td>3</td><td>施工安全和质量保证措施落实情况</td><td></td></tr>
<tr><td>4</td><td>材料、构配件质量及检验情况</td><td></td></tr>
<tr><td>5</td><td>现场施工人员安排情况</td><td></td></tr>
<tr><td>6</td><td>风、水、电等必需的辅助生产设施准备情况</td><td></td></tr>
<tr><td>7</td><td>场地平整、交通、临时设施准备情况</td><td></td></tr>
<tr><td>8</td><td>测量及试验情况</td><td></td></tr>
<tr><td></td><td></td><td></td></tr>
<tr><td colspan="4">附件：□分部工程进度计划
□分部工程施工工法
□

承 包 人：（全称及盖章）
项目经理：（签名）
日　　期：　　年　月　日</td></tr>
<tr><td colspan="4">开工申请通过审批后另行签发开工通知。

监理机构：（全称及盖章）
签 收 人：（签名）
日　　期：　　年　月　日</td></tr>
</table>

CB16 设备采购计划申报表

（承包[ ]设采 号）

合同名称： 合同编号：

致：（监理机构）

根据施工合同约定和工程建设需要，我方将按下表进行工程设备采购，请贵方审核。

序号	名称	品牌	规格/型号	厂家/产地	数量	拟采购日期/计划进场日期	备注

承 包 人：（全称及盖章）
项目经理：（签名）
日 期： 年 月 日

监理机构将另行签发审核意见。

监理机构：（全称及盖章）
签 收 人：（签名）
日 期： 年 月 日

CB17 混凝土浇筑开仓报审表

（承包[ ]开仓 号）

合同名称： 合同编号：

致：（监理机构）

我方下述工程混凝土浇筑准备工作已就绪，请贵方审批。

单位工程名称		分部工程名称	
单元工程名称		单元工程编码	

申报意见	主要工序	具备情况
	备料情况	
	基面清理	
	钢筋绑扎	
	模板校验	
	预埋件	
	混凝土系统准备	
	附：自检资料	

承 包 人：（全称及盖章）
项目经理：（签名）
日 期： 年 月 日

（审批意见）

监 理 机 构：（全称及盖章）
监理工程师：（签名）
日 期： 年 月 日

CB18 单元工程施工质量报验单

（承包[ ]质报 号）

合同名称： 合同编号：

<table>
<tr><td>致：（监理机构）
____________单元工程（及编码）已按合同要求完成施工，经自检合格，报请贵方核验。

附：____________单元工程质量评定表。

承 包 人：（全称及盖章）
项目经理：（签名）
日 期： 年 月 日</td></tr>
<tr><td>（核验意见）

监 理 机 构：（全称及盖章）
监理工程师：（签名）
日 期： 年 月 日</td></tr>
</table>

CB19 施工质量缺陷处理措施报审表

（承包[ ]缺陷 号）

合同名称： 合同编号：

<table>
<tr><td colspan="5">致：（监理机构）
我方今提交____________工程质量缺陷的处理措施，请贵方审批。</td></tr>
<tr><td>单位工程名称</td><td colspan="2"></td><td>分部工程名称</td><td></td></tr>
<tr><td>单元工程名称</td><td colspan="2"></td><td>单元工程编码</td><td></td></tr>
<tr><td colspan="2">质量缺陷
工程部位</td><td colspan="3"></td></tr>
<tr><td colspan="2">质量缺陷情况简要说明</td><td colspan="3"></td></tr>
<tr><td colspan="2">拟采取的处理措施简述</td><td colspan="3"></td></tr>
<tr><td>附件目录</td><td colspan="2">□处理措施报告
□修复图纸
□</td><td>计划施工时段</td><td>____年__月__日至
____年__月__日</td></tr>
<tr><td colspan="5">承 包 人：（全称及盖章）
技术负责人：（签名）
日 期： 年 月 日</td></tr>
<tr><td colspan="5">（审批意见）

监 理 机 构：（全称及盖章）
总监理工程师：（签名）
监 理 工 程 师：（签名）
日 期： 年 月 日</td></tr>
</table>

CB20 事故报告单

（承包[ ]事故 号）

合同名称： 合同编号：

<table>
<tr><td colspan="2">致：（监理机构）
______年____月____日____时，在________________发生____________________事故，现将事故发生情况报告如下，待调查结果出来后，再另行作详情报告。</td></tr>
<tr><td>事故简述</td><td></td></tr>
<tr><td>已采取的应急措施</td><td></td></tr>
<tr><td>进一步处理意见</td><td></td></tr>
<tr><td colspan="2">承 包 人：（全称及盖章）
项目经理：（签名）
日 期： 年 月 日</td></tr>
<tr><td colspan="2">监理机构将另行签发批复意见。

监理机构：（全称及盖章）
签 收 人：（签名）
日 期： 年 月 日</td></tr>
</table>

CB21 暂停施工申请报告

（承包[ ]暂停 号）

合同名称： 合同编号：

<table>
<tr><td colspan="2">致：（监理机构）
由于发生本报告所列原因，造成工程无法正常施工，依据施工合同规定，我方申请对所列工程项目暂停施工。</td></tr>
<tr><td>暂停施工工程项目范围/部位</td><td></td></tr>
<tr><td>暂停施工原因</td><td></td></tr>
<tr><td>引用合同条款</td><td></td></tr>
<tr><td>附注</td><td></td></tr>
<tr><td colspan="2">承 包 人：（全称及盖章）
项目经理：（签名）
日 期： 年 月 日</td></tr>
<tr><td colspan="2">监理机构将另行签发审批意见。

监理机构：（全称及盖章）
签 收 人：（签名）
日 期： 年 月 日</td></tr>
</table>

CB22　复工申请表

（承包[　　]复工　　号）

合同名称：　　　　　　　　　　　　　　　　　合同编号：

<table>
<tr><td>致：（监理机构）
　　＿＿＿＿＿＿＿＿＿＿＿＿工程项目，接到暂停施工通知（监理[　　]停工　　号）后，已于＿＿年＿月＿日＿时暂停施工。鉴于致使该工程的停工因素已经消除，复工准备工作业已就绪，特报请贵方批准于＿＿年＿月＿日＿时复工。
　　附件：具备复工条件的情况说明。
承 包 人：（全称及盖章）
项目经理：（签名）
日　　期：　　年　月　日</td></tr>
<tr><td>　　监理机构将另行签发审批意见。
监理机构：（全称及盖章）
签 收 人：（签名）
日　　期：　　年　月　日</td></tr>
</table>

CB23　工程变更申请报告

（承包[　　]变更　　号）

合同名称：　　　　　　　　　　　　　　　　　合同编号：

<table>
<tr><td colspan="2">致：（监理机构）
　　由于＿＿＿＿＿＿＿＿＿＿＿＿原因，我方提出对该工程变更。变更内容详见附件，请贵方审批。
　　附件：1. 工程变更建议书。
　　　　　2.
承 包 人：（全称及盖章）
项目经理：（签名）
日　　期：　　年　月　日</td></tr>
<tr><td>监理机构初步意见</td><td>监 理 机 构：（全称及盖章）
专业监理工程师：（签名）
日　　　期：　　年　月　日</td></tr>
<tr><td>设计单位意见</td><td>设计单位：（全称及盖章）
负 责 人：（签名）
日　　期：　　年　月　日</td></tr>
<tr><td>发包人意见</td><td>发包人：（全称及盖章）
负责人：（签名）
日 期：　　年　月　日</td></tr>
<tr><td>批复意见</td><td>监 理 机 构：（全称及盖章）
总监理工程师：（签名）
日　　　期：　　年　月　日</td></tr>
</table>

CB24 施工进度计划调整申报表

（承包[　　]进调　　号）

合同名称：　　　　　　　　　　　　　　　　合同编号：

<table>
<tr><td>致：（监理机构）
　　我方今提交________________工程项目施工进度调整计划，请贵方审批。
　　附件：施工进度调整计划（包括形象进度、工程量、工作量以及施工设备、劳动力计划）。

承 包 人：（全称及盖章）
项目经理：（签名）
日　　期：　　年　月　日</td></tr>
<tr><td>　　监理机构将另行签发审批意见。

监理机构：（全称及盖章）
签 收 人：（签名）
日　　期：　　年　月　日</td></tr>
</table>

CB25 延长工期申报表

（承包[　　]延期　　号）

合同名称：　　　　　　　　　　　　　　　　合同编号：

<table>
<tr><td>致：（监理机构）
　　根据施工合同约定及有关规定，由于本申报表附件所列原因，我方要求对所申报的工程项目工期延长________天，合同项目工期顺延________天，完工日期从________年____月____日延至________年____月____日，请贵方审批。
　　附件：1. 延长工期申请报告（说明原因、依据、计算过程及结果等）。
　　　　　2. 证明材料。
　　　　　3.

承 包 人：（全称及盖章）
项目经理：（签名）
日　　期：　　年　月　日</td></tr>
<tr><td>　　监理机构将另行签发审批意见。

监理机构：（全称及盖章）
签 收 人：（签名）
日　　期：　　年　月　日</td></tr>
</table>

CB26　工程变更项目价格申报表

（承包[　　]变价　　号）

合同名称：　　　　　　　　　　　　　　　　　　　　合同编号：

致：（监理机构）

根据________________工程变更指示（监理[　　]变指　　号）的工程变更内容，对下列项目单价申报如下，请贵方审核。

附件：变更单价报告（原由、工程量、编制说明、单价分析表）。

序号	项目名称	单位	申报单价	备注
1				
2				
3				

承 包 人：（全称及盖章）
项目经理：（签名）
日　　期：　　年　月　日

监理机构将另行签发审核意见。

监理机构：（全称及盖章）
签 收 人：（签名）
日　　期：　　年　月　日

CB27　索赔意向通知

（承包[　　]赔通　　号）

合同名称：　　　　　　　　　　　　　　　　　　　　合同编号：

致：（监理机构）

由于________________原因，根据施工合同的约定，我方拟提出索赔申请，请贵方审核。

附件：索赔意向书（包括索赔事件、索赔依据等）。

承 包 人：（全称及盖章）
项目经理：（签名）
日　　期：　　年　月　日

监理机构将另行签发批复意见。

监理机构：（全称及盖章）
签 收 人：（签名）
日　　期：　　年　月　日

CB28 索赔申请报告

（承包[ ]赔报 号）

合同名称： 合同编号：

致：（监理机构）

根据有关规定和施工合同约定，我方对________________事件申请赔偿金额为（大写）________________（小写________________），请贵方审核。

附件：索赔申请报告。主要内容包括：

1. 事件简述。 2. 引用合同条款及其他依据。

3. 索赔计算。 4. 索赔事实发生的当时记录。

5. 索赔支付文件。 6.

承 包 人：（全称及盖章）

项目经理：（签名）

日 期： 年 月 日

监理机构将另行签发审核意见。

监理机构：（全称及盖章）

签 收 人：（签名）

日 期： 年 月 日

CB29 工程计量报验单

（承包[ ]计量 号）

合同名称： 合同编号：

致：（监理机构）

我方按施工合同约定，完成了________________个工序/单元工程的施工，其工程质量已经检验合格，并对工程量进行了计量测量。现提交测量结果，请贵方核准。

承 包 人：（全称及盖章）

项目经理：（签名）

日 期： 年 月 日

序号	项目名称	合同价号	单价（元）	单位	申报工程量	监理核准工程量	备注

附件：计量测量资料。

（核准意见）

监 理 机 构：（全称及盖章）

监理工程师：（签名）

日 期： 年 月 日

CB30 计日工工程量签证单

（承包[　　]计日证　　号）

合同名称：　　　　　　　　　　　　　　　　　　　　　　合同编号：

致：（监理机构）

根据我方已按要求完成×××计日工指令的全部工作，现申报计日工工程量，请贵方审核。

附件：1. 计日工工作通知。

2. 计日工现场签认凭证。

3.

承 包 人：（全称及盖章）

项目经理：（签名）

日　　期：　　年　月　日

序号	工程项目名称	计日工内容	单位	申报工程量	核准工程量	说明
1						
2						
3						

（审核意见）

监 理 机 构：（全称及盖章）

监理工程师：（签名）

日　　　期：　　年　月　日

CB31 工程价款月支付申请书

（承包[　　]月付　　号）

合同名称：　　　　　　　　　　　　　　　　　　　　　　合同编号：

致：（监理机构）

我方今申请支付________年____月工程进度款，金额共计（大写）________________（小写________________），请贵方审核。

附件：1. 工程价款月支付汇总表。　　　　2. 已完工程量汇总表。

3. 合同单价项目月支付明细表。　　4. 合同合价项目月支付明细表。

5. 合同新增项目月支付明细表。　　6. 计日工项目月支付明细表。

7. 计日工工程量月汇总表。　　　　8. 索赔项目价款月支付汇总表。

9. 其他。

承 包 人：（全称及盖章）

项目经理：（签名）

日　　期：　　年　月　日

审核后，监理机构将另行签发月付款证书。

监理机构：（全称及盖章）

签 收 人：（签名）

日　　期：　　年　月　日

CB31-1　工程价款月支付汇总表

合同名称：　　　　合同编号：　　　　单位：元（人民币）

<table>
<tr><td rowspan="2">清单号</td><td rowspan="2">内容</td><td colspan="2">合同号</td><td colspan="2">合同号</td><td colspan="2">本页总计</td></tr>
<tr><td>本期完成</td><td>期末累计</td><td>本期完成</td><td>期末累计</td><td>本期完成</td><td>期末累计</td></tr>
<tr><td></td><td></td><td></td><td></td><td></td><td></td><td></td><td></td></tr>
<tr><td></td><td></td><td></td><td></td><td></td><td></td><td></td><td></td></tr>
<tr><td>清单小计</td><td></td><td></td><td></td><td></td><td></td><td></td><td></td></tr>
<tr><td rowspan="4">暂定金额</td><td>额外工程</td><td></td><td></td><td></td><td></td><td></td><td></td></tr>
<tr><td>计日工作</td><td></td><td></td><td></td><td></td><td></td><td></td></tr>
<tr><td>索赔</td><td></td><td></td><td></td><td></td><td></td><td></td></tr>
<tr><td>价格调整或其他</td><td></td><td></td><td></td><td></td><td></td><td></td></tr>
<tr><td>动员及材料预付款</td><td></td><td></td><td></td><td></td><td></td><td></td><td></td></tr>
<tr><td>其他付款</td><td></td><td></td><td></td><td></td><td></td><td></td><td></td></tr>
<tr><td>应付款合计</td><td></td><td></td><td></td><td></td><td></td><td></td><td></td></tr>
<tr><td rowspan="5">扣除</td><td>动员预付款</td><td></td><td></td><td></td><td></td><td></td><td></td></tr>
<tr><td>材料预付款</td><td></td><td></td><td></td><td></td><td></td><td></td></tr>
<tr><td>保留金</td><td></td><td></td><td></td><td></td><td></td><td></td></tr>
<tr><td>违约赔偿或其他</td><td></td><td></td><td></td><td></td><td></td><td></td></tr>
<tr><td>应扣款合计</td><td></td><td></td><td></td><td></td><td></td><td></td></tr>
<tr><td>支付净额</td><td></td><td></td><td></td><td></td><td></td><td></td><td></td></tr>
</table>

监理工程师：　　制表：　　校核：　　填表日期：

CB31-2　××月完成工程量汇总表

（承包[　　]量总　　号）

合同名称：　　　　　　　　　　　　　　　　　　合同编号：

致：（监理机构）

我方将本月已完成工程量汇总如下表，请贵方审核。

附件：工程计量报验单。

承　包　人：（全称及盖章）
项目经理：（签名）
日　　期：　　年　月　日

序号	项目名称	项目内容	单位	工程量	备注

（审核意见）

监　理　机　构：（全称及盖章）
总监理工程师：（签名）
日　　　期：　　年　月　日

CB31-3　合同单价项目月支付明细表

（承包[　　]单价　　号）

合同名称：　　　　　　　　　　　　　　　　　　合同编号：

致：（监理机构）

本月合同单价项目月支付明细表如下表，我方申请支付的工程价款总金额为（大写）＿＿＿＿＿＿＿＿＿＿（小写＿＿＿＿＿＿＿＿＿＿），请贵方审核。

承　包　人：（全称及盖章）
项目经理：（签名）
日　　期：　　年　月　日

序号	合同价号	价号名称	单位	合同工程量	合同单价（元）	本月完成		累计完成		监理审核意见
						工程量	金额（元）	工程量	金额（元）	
月合同合价项目总支付金额：　佰　拾　万　仟　佰　拾　元　角　分										

经审核，本月应支付合同单价项目工程价款总金额为（大写）＿＿＿＿＿＿＿＿＿＿（小写＿＿＿＿＿＿＿＿＿＿）。

监　理　机　构：（全称及盖章）
总监理工程师：（签名）
日　　　期：　　年　月　日

CB31-4 合同合价项目月支付明细表

（承包[ ]合价 号）

合同名称：　　　　　　　　　　　　　　　　　　　　合同编号：

致：（监理机构）

本月合同合价项目月支付明细表如下表，我方申请支付的工程价款总金额为（大写）________（小写________），请贵方审核。

承 包 人：（全称及盖章）
项目经理：（签名）
日 期： 年 月 日

序号	合同价号	价号名称	合同合价金额（元）	本月申报支付金额（元）	累计支付金额（元）	支付比例（%）	监理审核意见	备注

月合同合价项目总支付金额： 佰 拾 万 仟 佰 拾 元 角 分

经审核，本月应支付合同合价项目工程价款总金额为（大写）________（小写________）。

监 理 机 构：（全称及盖章）
总监理工程师：（签名）
日 期： 年 月 日

CB31-5 合同新增项目月支付明细表

（承包[ ]新增 号）

合同名称：　　　　　　　　　　　　　　　　　　　　合同编号：

致：（监理机构）

根据×××工程变更指示（监理[ ]变指 号）/×××监理通知（监理[ ]通知 号），我方今申请____年___月已完成新增项目的工程价款总金额为（大写）________（小写________），请贵方审核。

附件：1. 施工质量合格证明。　　2. 工程计量、计算数据和必要说明。
3. 变更项目价格签认单。　　4.

承 包 人：（全称及盖章）
项目经理：（签名）
日 期： 年 月 日

序号	项目名称	项目内容	单位	核准单价（元）	申报工程量	申报合价（元）	审定工程量	审定合价（元）
合计								

经审核，本月应支付合同新增项目工程价款总金额为（大写）________（小写________）。

监 理 机 构：（全称及盖章）
总监理工程师：（签名）
日 期： 年 月 日

CB31-6 计日工项目月支付明细表

（承包[ ]计日付 号）

合同名称： 合同编号：

致：（监理机构）

我方今申请支付本月完成计日工项目工程价款总金额为（大写）________（小写________），请审核。

附件：计日工工程量月汇总表。

承 包 人：（全称及盖章）
项目经理：（签名）
日 期： 年 月 日

序号	计日工内容	核准工程量	单位	单价（元）	本月完成金额（元）	累计完成金额（元）	监理审核意见	备注

计日工项目月总支付金额： 佰 拾 万 仟 佰 拾 元 角 分

经审核，本月应支付计日工项目工程价款总金额为（大写）________（小写________）。

监 理 机 构：（全称及盖章）
总监理工程师：（签名）
日 期： 年 月 日

CB31-6-1 计日工工程量月汇总表

（承包[ ]计日总 号）

合同名称： 合同编号：

致：（监理机构）

我方依据经监理机构签认的计日工工程量签证单，汇总为本表，请贵方审核。

附件：计日工工程量签证单。

承 包 人：（全称及盖章）
项目经理：（签名）
日 期： 年 月 日

序号	计日工内容	单位	申报工程量	核准工程量	说明
1					
2					

（审核意见）

监 理 机 构：（全称及盖章）
监理工程师：（签名）
日 期： 年 月 日

CB31-7　索赔项目价款月支付汇总表

（承包[　　]赔总　　号）

合同名称：　　　　　　　　　　　　　　　　　　　　合同编号：

<table>
<tr><td colspan="4">致：（监理机构）
我方根据费用索赔签认单，现申请支付本月索赔项目价款总金额为（大写）__________（小写__________），请贵方审核。
附件：费用索赔签认单。

承 包 人：（全称及盖章）
项目经理：（签名）
日　　期：　　年　月　日</td></tr>
<tr><td>序号</td><td>费用索赔签认单号</td><td>核准索赔金额</td><td>备注</td></tr>
<tr><td>1</td><td></td><td></td><td></td></tr>
<tr><td>2</td><td></td><td></td><td></td></tr>
<tr><td></td><td></td><td></td><td></td></tr>
<tr><td colspan="4">经审核，本月应支付索赔项目价款总金额为（大写）__________（小写__________）。

监 理 机 构：（全称及盖章）
总监理工程师：（签名）
日　　　期：　　年　月　日</td></tr>
</table>

CB32　施工月报

（承包[　　]月报　　号）

合同名称：　　　　　　　　　　　　　　　　　　　　合同编号：

<table>
<tr><td>致：（监理机构）
现呈报我方编写的______年____月施工月报，请贵方审阅。
随本施工月报一同上报以下附表：
1. 材料使用情况月报表。　　2. 主要施工机械设备情况月报表。
3. 现场施工人员情况月报表。　　4. 施工质量检验月汇总表。
5. 工程事故月报表。　　6. 完成工程量月汇总表。
7. 施工实际进度月报表。　　8. 其他。

承 包 人：（全称及盖章）
项目经理：（签名）
日　　期：　　年　月　日</td></tr>
<tr><td>今已收到______________________（承包人全称）所报______年____月的施工月报及附件共____份。

监理机构：（全称及盖章）
签 收 人：（签名）
日　　期：　　年　月　日</td></tr>
</table>

CB32

施　工　月　报

________年　第________期

工程名称：________________________

合同编号：________________________

承 包 人：(全称及盖章)________________

项目经理：(签名)____________________

日　　期：________年____月____日

CB32-1　材料使用情况月报表

（承包[　　]材料月　　号）

合同名称：　　　　　　　　　　　　　　　　合同编号：

材料名称		规格/型号	单位	上月库存	本月进货	本月消耗	本月库存	下月计划用量
水泥								
粉煤灰								
钢材	型材							
	钢筋							
木材								
柴油								
汽油								
炸药								

承包人：（全称及盖章）

承办人：（签名）

日　期：　　年　月　日

CB32-2　主要施工机械设备情况月报表

（承包[　　]设备月　　号）

合同名称：　　　　　　　　　　　　　　　　合同编号：

序号	机械设备			本月工作台时	完好率（%）	利用率（%）
	名称	型号/规格	数量（台）			
1						
2						
3						
4						

承包人：（全称及盖章）

承办人：（签名）

日　期：　　年　月　日

CB32-3 现场施工人员情况月报表

（承包[ ]人员月 号）

合同名称： 合同编号：

序号	部门或工程部位	人员数量(人)									合计
		建筑	安装	检验	运输	管理	辅助				
1											
2											
3											
4											
5											
6											
合计											

（填报说明）

承包人：（全称及盖章）
承办人：（签名）
日 期： 年 月 日

CB32-4 施工质量检验月报表

（承包[ ]质检月 号）

合同名称： 合同编号：

序号	验收项目名称或编码				验收日期	质量等级	备注
	单位工程	分部工程	分项工程	单元工程			
1							
2							
3							
4							
5							
6							
7							
8							
9							
10							

CB32-5 工程事故月报表

（承包[ ]事故月 号）

合同名称： 合同编号：

序号	发生事故时间	事故地点	工程名称	事故等级	直接损失金额（元）	人员伤亡（人）	
						死亡	重伤

事故综述：

承包人：（全称及盖章）

承办人：（签名）

日 期： 年 月 日

CB32-6 月完成工程量汇总表

（承包[ ]量月总 号）

合同名称： 合同编号：

序号	分部工程名称	分部工程编码	单位	合同工程量	本月完成工程量	至本月已累计完成工程量

（填报说明）

承包人：（全称及盖章）

承办人：（签名）

日 期： 年 月 日

CB32-7　施工实际进度月报表

（承包[　　]进度月　　号）

合同名称：　　　　　　　　　　　　　　　　　　　　　　合同编号：

分部工程	单位	合同工程量	计划完成量	实际完成量	完成比例（%）	上月						本月																								
						26	27	28	29	30	31	1	2	3	4	5	6	7	8	9	10	11	12	13	14	15	16	17	18	19	20	21	22	23	24	25

承包人：（全称及盖章）　　　　承办人：（签名）　　　　日期：　　年　　月　　日

CB33 验收申请报告

（承包[　　]验报　　号）

合同名称：　　　　　　　　　　　　　　　　　　合同编号：

<table>
<tr><td colspan="3">致：（监理机构）
______________________________工程项目已经按计划于______年____月____日基本完工，零星未完工程及缺陷修复拟按申报计划实施，验收文件也已准备就绪，现申请验收。</td></tr>
<tr><td rowspan="2">□合同项目完工验收
□阶段验收
□单位工程验收
□分部工程验收</td><td>验收工程名称、编码</td><td>申请验收时间</td></tr>
<tr><td></td><td></td></tr>
<tr><td colspan="3">附件：1. 零星未完工程施工计划。　　2. 缺陷及修复计划。
3. 验收报告、资料。　　4.

承 包 人：（全称及盖章）
项目经理：（签名）
日　　期：　　年　月　日</td></tr>
<tr><td colspan="3">监理机构将另行签发审核意见。

监理机构：（全称及盖章）
签 收 人：（签名）
日　　期：　　年　月　日</td></tr>
</table>

CB34 工程协调报告单

（承包[　　]报告　　号）

合同名称：　　　　　　　　　　　　　　　　　　合同编号：

<table>
<tr><td>报告事由：

承 包 人：（全称及盖章）
项目经理：（签名）
日　　期：　　年　月　日</td></tr>
<tr><td>监理机构意见：

监 理 机 构：（全称及盖章）
总监理工程师：（签名）
日　　　期：　　年　月　日</td></tr>
<tr><td>发包人意见：

发 包 人：（全称及盖章）
负 责 人：（签名）
日　　期：　　年　月　日</td></tr>
</table>

CB35　答复单

（承包[　　]答复　　号）

合同名称：　　　　　　　　　　　　　　　合同编号：

<table>
<tr><td>致：（监理机构）
事由：

答复内容：

附件：1.
2.

承 包 人：（全称及盖章）
项目经理：（签名）
日　　期：　　年　月　日</td></tr>
<tr><td>今已收到________________（承包人）关于________________的答复单共____份。

监 理 机 构：（全称及盖章）
总监理工程师：（签名）
日　　　期：　　年　月　日</td></tr>
</table>

CB36　完工/最终付款申请表

（承包[　　]付申　　号）

合同名称：　　　　　　　　　　　　　　　合同编号：

<table>
<tr><td>致：（监理机构）
依据施工合同约定，我方已完成合同项目________________工程的施工，并□已通过工程完工验收/□工程移交证书已签发。现申请该工程的□完工付款/□最终付款。
经核计，我方共应获得工程价款总价为（大写）____________（小写____________），已得到各项付款总价为（大写）____________（小写____________），现申请剩余工程价款总计为（大写）____________（小写____________），请贵方审核。
附件：计算资料、证明文件。

承 包 人：（全称及盖章）
项目经理：（签名）
日　　期：　　年　月　日</td></tr>
<tr><td>审核后监理机构将另行签发完工/最终付款证书。

监 理 机 构：（全称及盖章）
总监理工程师：（签名）
日　　　期：　　年　月　日</td></tr>
</table>

JL01 进场通知

（监理[ ]进场 号）

合同名称： 合同编号：

<table>
<tr><td>
致：（承包人）
根据施工合同约定，现签发________________工程项目进场通知。你方在接到该通知后，应及时调遣人员和施工设备、材料进场，完成各项施工准备工作。之后，尽快提交《合同项目开工申请表》。
该工程项目的开工日期为____年___月___日。
视施工合同双方的施工准备情况，监理机构另行签发合同项目开工令。

监 理 机 构：（全称及盖章）
总监理工程师：（签名）
日 期： 年 月 日
</td></tr>
<tr><td>
今已收到____________（监理机构全称）签发的进场通知。

承 包 人：（全称及盖章）
签 收 人：（签名）
日 期： 年 月 日
</td></tr>
</table>

JL02 合同项目开工令

（监理[ ]合开工 号）

合同名称： 合同编号：

<table>
<tr><td>
工程名称：____________承包人：____________No. ____________
（承包人）：
根据施工承包合同第____条____款规定：监理工程师宣布你方所施工的合同编号为________________的工程项目，于____年___月___日开工。工程项目合同工期为____年___月___日至____年___月___日，历时___天，要求你方按照合同规定施工。

总监理工程师：（签名）
监 理 单 位：
日 期： 年 月 日
</td></tr>
</table>

JL03　分部工程开工通知

（监理[　　]分开工　号）

合同名称：　　　　　　　　　　　　　　　　　　　　合同编号：

<table>
<tr><td colspan="4">致：（承包人）
　　贵部____年__月__日报送的分部（分项）工程开工申请（申请单号：No. ____）已经通过审查。贵部可从即日起，适时安排开工。在施工过程中，请加强现场调度和质量管理，注意安全生产，严格按章作业，文明施工，做到以工程质量求施工进度，确保工程的顺利进展。

监理机构：　　　　　　　　　　签 署 人：
　　　　　　　　　　　　　　　签署日期：　年　月　日</td></tr>
<tr><td>批准开工项目或编码</td><td></td><td>计划施工时段</td><td>年　月　日至
年　月　日</td></tr>
<tr><td>附注</td><td colspan="3"></td></tr>
</table>

JL04　工程预付款付款证书

（监理[　　]工预付　　号）

合同名称：　　　　　　　　　　　　　　　　　　　　合同编号：

<table>
<tr><td colspan="4">　　经审核，合同协议书已经签署，履约保函已获得业主单位的认可，已取得动员预付款担保，业主单位应支付给如下数额的工程预付款：

____________人民币元（￥）

　　备注：</td></tr>
<tr><td colspan="4">监 理 单 位____________　　　　业 主 单 位____________
监理工程师____________　　　　业主单位代表____________
日　　期____________　　　　日　　期____________</td></tr>
<tr><td>填表人</td><td></td><td>填表日期</td><td>年　月　日</td></tr>
</table>

JL05 批复表

（监理[ ]批复 号）

合同名称：　　　　　　　　　　　　　　　　　　合同编号：

<table>
<tr><td>致：（承包人）
你方于______年____月____日报送的______________________________（文号：__________），经监理机构审核，批复意见如下：

监 理 机 构：（全称及盖章）
总监理工程师：（签名）
监 理 工 程 师：（签名）
日　　期：　年　月　日</td></tr>
<tr><td>

承 包 人：（全称及盖章）
签 收 人：（签名）
日　　期：　年　月　日</td></tr>
</table>

JL06 监理通知

（监理[ ]通知 号）

合同名称：　　　　　　　　　　　　　　　　　　合同编号：

<table>
<tr><td>致______________
事由：____
____
________________________________。

通知内容：

监理人：（签名）
日 期：　年　月　日</td></tr>
</table>

JL07　监理报告

（监理[　　]报告　　号）

合同名称：　　　　　　　　　　　　　　　　　　　　　合同编号：

<table>
<tr><td>致：（承包人）
　　报告内容：

监 理 机 构：（全称及盖章）
总监理工程师：（签名）
日　　　期：　　年　月　日</td></tr>
<tr><td>致：（监理机构）
　　本报告内容经我方研究后，答复如下：

承包人：（全称及盖章）
负责人：（签名）
日　期：　　年　月　日</td></tr>
</table>

JL08　计日工工作通知单

（监理[　　]计通　　号）

合同名称：　　　　　　　　　　　　　　　　　　　　　合同编号：

<table>
<tr><td colspan="2">致：（承包人）
　　现决定下列工作按计日工予以安排，请据此执行。
　　附件：计日工工作量明细表（表号 No.　　）

签 署 人：（签名）
监 理 人：（签名）
签署日期：　　年　月　日</td></tr>
<tr><td>计划工作时间</td><td></td></tr>
<tr><td>工作项目或内容</td><td></td></tr>
<tr><td>计价及付款方式</td><td>□工作开始之____日前另行报价，经监理人审核报请业主单位核准后执行
□按单号 No.__________之合同计日工单价支付
□按总价__________元，另行申报支付
□</td></tr>
<tr><td>附录</td><td></td></tr>
</table>

JL09 工程现场书面指示

（监理[ ]现指 号）

合同名称： 合同编号：

<table>
<tr><td colspan="4">致：（承包人现场施工负责人或工地代表）
请贵部执行本指示内容，若贵部不提出确认，本指示单立即生效。

监理工程师：
监理机构： 签署日期： 年 月 日</td></tr>
<tr><td>发布指示依据</td><td colspan="3">□工程承建合同文件 技术规范 第 条
□工程承建合同文件 技术规范 第 条
□</td></tr>
<tr><td>指示内容与要求</td><td colspan="3"></td></tr>
<tr><td>监理机构确认记录</td><td>□确认
□更改
□撤销

确认机构：
确 认 人：
日 期： 年 月 日</td><td>承包人签收记录</td><td>□我将按指示要求执行
□申请监理机构确认

签收单位：
签 收 人：
日 期： 年 月 日</td></tr>
</table>

JL10 警告通知

（监理[ ]警告 号）

合同名称： 合同编号：

<table>
<tr><td colspan="2">致：（承包人）
____年__月__日，贵部____________承包人，由于本通知所述原因违章作业，监理工程师已于现场提出口头警告，为确保工程质量和作业安全，请立即责成承包人认真纠正，并避免类似情况的再次发生。

签 署 人：
监理机构： 签署日期： 年 月 日</td></tr>
<tr><td>违规原因</td><td></td></tr>
<tr><td>引用合同条款和法规依据</td><td></td></tr>
<tr><td>附注</td><td></td></tr>
</table>

JL11 整改通知

（监理[　　]整改　　号）

合同名称：　　　　　　　　　　　　　　　　合同编号：

<table>
<tr><td colspan="3">致：（承包人）
由于本通知所述原因，通知你方对________________工程项目应按下述要求进行整改，并于______年____月____日前提交整改措施报告，确保整改的结果达到要求。</td></tr>
<tr><td>整改原因</td><td colspan="2">□施工质量经检验不合格
□材料、设备不符合要求
□未按设计文件要求施工
□工程变更</td></tr>
<tr><td>整改要求</td><td>□拆除
□更换、增加材料、设备
□调整施工人员</td><td>□返工
□修补缺陷
□</td></tr>
<tr><td colspan="3">□整改所发生费用由承包人承担　　　　□整改所发生费用可另行申报
□
监 理 机 构：（全称及盖章）
总监理工程师：（签名）
日　　期：　　年　月　日</td></tr>
<tr><td colspan="3">现已收到整改通知，我方将根据通知要求进行整改，并按要求提交整改措施报告。
承 包 人：（全称及盖章）
项目经理：（签名）
日　　期：　　年　月　日</td></tr>
</table>

JL12 新增或紧急工程通知

（监理[　　]新通　　号）

合同名称：　　　　　　　　　　　　　　　　合同编号：

<table>
<tr><td>致：（承包人）
今委托你方进行下列不包括在施工合同内____________新增/紧急工程的施工，并于______年____月____日前提交该工程的施工进度计划和施工技术方案。正式变更指示另行签发。
工程内容简介：
工期要求：
费用及支付方式：
监 理 机 构：（全称及盖章）
监理工程师：（签名）
日　　期：　　年　月　日</td></tr>
<tr><td>现已收到____________新增/紧急工程通知，我方将按要求提交该工程的施工进度计划和施工技术方案。费用及工期意见将□同时提交/□另行提交。
承 包 人：（全称及盖章）
项目经理：（签名）
日　　期：　　年　月　日</td></tr>
</table>

JL13 工程变更指示

（监理[ ]变指 号）

合同名称： 合同编号：

<table>
<tr><td colspan="2">致：（承包人）
根据工程承建合同文件第____条合同变更的规定，决定对____________工程项目予以部分变更，请据以执行。

签 署 人：
监理人： 签署日期： 年 月 日</td></tr>
<tr><td>变更理由</td><td></td></tr>
<tr><td>原设计要求</td><td></td></tr>
<tr><td>变更性质</td><td>□增减合同工程量 □省略工程 □工程性质、质量或类型有限度的更改 □更改部分工程的尺寸或位置 □进行工程完工需要的附加工作 □改动部分工程施工程序和进度 □</td></tr>
<tr><td>变更内容</td><td></td></tr>
<tr><td>变更技术要求</td><td></td></tr>
<tr><td>变更工程量</td><td></td></tr>
<tr><td>支付方式</td><td>□不予另行支付 □按合同单价和价格支付 □另行协商报价
□由承包人于变更执行的 □日前提出报价单报审</td></tr>
<tr><td>附件</td><td></td></tr>
</table>

JL14 工程变更项目价格审核表

（监理[ ]变价审 号）

合同名称： 合同编号：

<table>
<tr><td colspan="5">致：（承包人）
根据有关规定和施工合同约定，你方提出的变更项目价格申报表（承包[ ]变价 号），经我方审核，变更项目价格如下。</td></tr>
<tr><td>序号</td><td>项目名称</td><td>单位</td><td>监理审核单价</td><td>备注</td></tr>
<tr><td></td><td></td><td></td><td></td><td></td></tr>
<tr><td></td><td></td><td></td><td></td><td></td></tr>
<tr><td></td><td></td><td></td><td></td><td></td></tr>
<tr><td></td><td></td><td></td><td></td><td></td></tr>
<tr><td></td><td></td><td></td><td></td><td></td></tr>
<tr><td colspan="5">附注：

监 理 机 构：（全称及盖章）
总监理工程师：（签名）
日 期： 年 月 日</td></tr>
</table>

JL15　变更项目价格签认单

（监理[　　]变价签　　号）

合同名称：　　　　　　　　　　　　　　　　　　　　　　合同编号：

<table>
<tr><td colspan="5">根据有关规定和施工合同约定，经友好协商，发包人、承包人原则同意监理机构签发的变更项目价格审核表（监理[　　]变价审　　号），最终确定变更项目价格如下。</td></tr>
<tr><td>序号</td><td>项目名称</td><td>单位</td><td>核定单价</td><td>备注</td></tr>
<tr><td></td><td></td><td></td><td></td><td></td></tr>
<tr><td></td><td></td><td></td><td></td><td></td></tr>
<tr><td></td><td></td><td></td><td></td><td></td></tr>
<tr><td colspan="5">承 包 人：（全称及盖章）
项目经理：（签名）
日　　期：　　年　月　日</td></tr>
<tr><td colspan="5">发 包 人：（全称及盖章）
负 责 人：（签名）
日　　期：　　年　月　日</td></tr>
<tr><td colspan="5">监 理 机 构：（全称及盖章）
总监理工程师：（签名）
日　　　期：　　年　月　日</td></tr>
</table>

JL16　设计变更通知

（监理[　　]变通　　号）

合同名称：　　　　　　　　　　　　　　　　　　　　　　合同编号：

<table>
<tr><td>致＿＿＿＿＿＿＿＿
根据合同一般条款规定，现决定对＿＿＿＿＿＿＿＿的设计进行变更，请按变更后的图纸组织施工，正式的变更指令另发。
变更项目内容的细节：

变更后合同金额的增减估计：

附件：变更设计图纸。

监理人：（签名）
日　期：　　年　月　日</td></tr>
<tr><td>承包人：（签名）
日　期：　　年　月　日</td></tr>
</table>

JL17　暂停施工通知

（监理[　　]停工　　号）

合同名称：　　　　　　　　　　　　　　　　　合同编号：

<table>
<tr><td colspan="2">致：（承包人）
由于下述原因，现通知贵单位于____年__月__日__时以前对工程项目暂停施工。

签 署 人：
监理机构：　　　　　　　　　　　　签署日期：　　年　月　日</td></tr>
<tr><td>工程暂停原因</td><td>□承包人严重违反合同规定，继续施工将对工程项目造成重大损失
□违反环境保护法规
□因为文物保护的原因
□</td></tr>
<tr><td>引用合同条款或法规依据</td><td></td></tr>
<tr><td>附注</td><td>□暂停期间，请对已完工程看护，直至得到复工许可
□暂停期间，请抓紧采取整改措施，并及时向监理人（处）报送，以争取早日复工
□工程延误和损失费用的合同责任由承包人承担
□工程延误和损失费用另行协商
□</td></tr>
</table>

JL18　复工通知

（监理[　　]复工　　号）

合同名称：　　　　　　　　　　　　　　　　　合同编号：

<table>
<tr><td>致：（承包人）
鉴于暂停施工通知（监理[　　]停工　　号）所述原因已经消除，你方可于________年____月____日____时起对__________________________工程（编码）项目恢复施工。
附注：

监 理 机 构：（全称及盖章）
总监理工程师：（签名）
日　　期：　　年　月　日</td></tr>
<tr><td>
承包人：（全称及盖章）
签收人：（签名）
日 期：　　年　月　日</td></tr>
</table>

JL19　费用索赔审核表

（监理[　　]索赔审　　号）

合同名称：　　　　　　　　　　　　　　　　　　合同编号：

致：（承包人）

根据有关规定和施工合同约定，你方提出的索赔申请报告（承包[　　]赔报　　号），索赔金额（大写）______________（小写______________），经我方审核：

☐不同意此项索赔

☐同意此项索赔，核准索赔金额为（大写）______________（小写______________）

附件：索赔分析、审核文件。

监 理 机 构：（全称及盖章）

总监理工程师：（签名）

日　　期：　年　月　日

JL20　承包商索赔签证单

（监理[　　]索赔签　号）

合同名称：　　　　　　　　　　　　　　　　　　合同编号：

致：（承包人）

监理人业已受理本单所列索赔申请，经监理人与业主单位和承包人协商，核定应由业主单位补偿承包人人民币________万元，列入本期支付。

总监理工程师：

监　理　人：

签 署 日 期：　年　月　日

序号	索赔申报表号	索赔理由及引用合同条款	申报金额（万元）	合适索赔金额（万元）
1				
2				
3				
4				
5				
6				
以上____项索赔金额合计 Σ				
附注				

JL21　工程价款月付款证书

（监理[　　]月付　　号）

合同名称：　　　　　　　　　　　　　　　　　　　　合同编号：

致：（发包人）

经审核承包人的工程价款月支付申请书（承包[　　]月付　　号），本月应支付给承包人的工程价款金额共计为（大写）________________（小写____________）。

根据施工合同约定，请贵方在收到此证书后的____天之内完成审批，将上述工程价款支付给承包人。

附件：1. 月支付审核汇总表　　　　2.

监 理 机 构：（全称及盖章）

总监理工程师：（签名）

日　　　期：　　年　月　日

JL21-1　月支付审核汇总表

（监理[　　]月总　　号）

合同名称：　　　　　　　　　　　　　　　　　　　　合同编号：

工程或费用名称		本月前累计完成额（元）	本月承包人申请金额（元）	本月监理机构审核金额（元）	监理审核意见	备注
应支付金额	合同单价项目					
	合同合价项目					
	合同新增项目					
	计日工项目					
	材料预付款					
	索赔项目					
	价格调整					
	延期付款利息					
	其他					
应支付金额合计						
扣除金额	工程预付款					
	材料预付款					
	保留金					
	违约赔偿					
	其他					
扣除金额合计						
月应支付总金额：　佰　拾　万　仟　佰　拾　元　角　分						

经审核，________年____月承包人应得到的支付金额共计为（大写）________________（小写________________）。

监 理 机 构：（全称及盖章）

总监理工程师：（签名）

日　　　期：　　年　月　日

JL22 合同解除后的付款证书

（监理[　　]解付　　号）

合同名称：　　　　　　　　　　　　　　　　　　合同编号：

<table>
<tr><td>
致：（发包人）
根据施工合同约定，经审核，合同解除后，承包人共应获得工程价款总价为（大写）________________（小写________________），已得到各项付款总价为（大写）________________（小写________________），现应支付剩余工程价款总价为（大写）________________（小写________________）。根据施工合同的约定，请贵方在收到此证书后的____天之内完成审批，将上述工程价款支付给承包人。
附件：1. 合同解除相关文件。
2. 计算资料、证明文件。
3.

监 理 机 构：（全称及盖章）
总监理工程师：（签名）
日　　期：　年　月　日
</td></tr>
</table>

JL23 完工/最终付款证书

（监理[　　]付证　　号）

合同名称：　　　　　　　　　　　　　　　　　　合同编号：

<table>
<tr><td>
致：（发包人）
经审核承包人的□完工付款申请/□最终付款申请（承包[　　]付申　　号），应支付给承包人的金额共计为（大写）________________（小写________________）。
根据施工合同约定，请贵方在收到□完工付款证书/□最终付款证书后的____天之内完成审批，将上述工程款额支付给承包人。
附件：1. 完工/最终付款申请书。
2. 计算资料。
3. 证明文件。
4.

监 理 机 构：（全称及盖章）
总监理工程师：（签名）
日　　期：　年　月　日
</td></tr>
</table>

JL24 工程移交通知

（监理[　　]移交　　号）

合同名称：　　　　　　　　　　　　　　　　　　合同编号：

<table>
<tr><td colspan="2">致：（承包人）
鉴于本项工程已于____年__月__日正式通过工程完成验收，该工程项目可按本通知书要求，办理移交手续，特此通知。

签 署 人：
监 理 人：
签署日期：　　年　月　日</td></tr>
<tr><td>工程项目名称及编码</td><td></td></tr>
<tr><td>工程移交日期</td><td>□请于____年__月__日办妥移交手续
□请及时按业主单位要求办妥移交手续
□</td></tr>
<tr><td>缺陷责任期起算时间</td><td>□本项工程缺陷责任期，本工程移交证书指明的日期算起，缺陷责任期为 12 个月
□</td></tr>
<tr><td>办理移交手续前应完成的工作项目</td><td></td></tr>
<tr><td>附注</td><td></td></tr>
</table>

JL25 工程移交证书

（监理[　　]移证　　号）

合同名称：　　　　　　　　　　　　　　　　　　合同编号：

<table>
<tr><td>致：（发包人）
______________________工程已按施工合同和监理机构的指示完成（除该证书中注明的工程缺陷和未完工程外），并于________年____月____日经过□完工验收/□单位工程验收。根据有关规定和施工合同约定，签发此工程移交证书。从本移交证书颁发之日开始，工程正式移交给发包人。工程项目的实际完工之日为________年____月____日，并从此日开始，该工程进入保修期。
附件：工程缺陷及未完工程内容清单。

监 理 机 构：（全称及盖章）
总监理工程师：（签名）
日　　　期：　　年　月　日</td></tr>
</table>

JL26　保留金付款证书

（监理[　　]保付　　号）

合同名称：　　　　　　　　　　　　　　　合同编号：

<table>
<tr><td colspan="3">致：（发包人）
经审核，现应支付给承包人的保留金金额共计为（大写）________（小写________）。
根据施工合同约定，请贵方在收到该保留金付款证书后的____天之内完成审批，将上述金额支付给承包人。</td></tr>
<tr><td>支付保留金已具备的条件</td><td colspan="2">□于____年____月____日签发工程移交证书
□于____年____月____日签发保修责任终止证书</td></tr>
<tr><td rowspan="4">保留金支付金额</td><td>保留金总金额</td><td>佰　拾　万　仟　佰　拾　元　角　分</td></tr>
<tr><td>已支付金额</td><td>佰　拾　万　仟　佰　拾　元　角　分</td></tr>
<tr><td>尚应扣留的金额</td><td>佰　拾　万　仟　佰　拾　元　角　分
扣留的原因：
□施工合同约定
□未完工程或缺陷
□</td></tr>
<tr><td>应支付金额</td><td>佰　拾　万　仟　佰　拾　元　角　分</td></tr>
<tr><td colspan="3">监 理 机 构：（全称及盖章）
总监理工程师：（签名）
日　　期：　年　月　日</td></tr>
</table>

JL27　缺陷责任期终止证书

（监理[　　]责终　　号）

合同名称：　　　　　　　　　　　　　　　合同编号：

<table>
<tr><td>致：（发包人）
鉴于________工程移交证书（监理[　　]移证　　号）中列出的工程缺陷及未完工程和保修期内因施工质量造成的缺陷，已经于____年____月____日以前完工和处理完毕，并由监理机构确认符合合同规定和要求。
依据施工合同和上述工程移交证书规定，工程项目缺陷责任期已于____年____月____日期满，特此通知。

监 理 机 构：（全称及盖章）
总监理工程师：（签名）
日　　期：　年　月　日</td></tr>
</table>

JL28 设计文件签收表

（监理[ ]设收 号）

合同名称： 合同编号：

致：（监理机构）

本批报送图纸________张，文字报告和说明____张，见下表。

序号	设计文件名称	文图号	报送份数	备注
1				
2				
3				
4				

报送单位：（全称及盖章）
负 责 人：（签名）
日 期： 年 月 日

监理机构：（全称及盖章）
签 收 人：（签名）
日 期： 年 月 日

JL29 施工设计图纸核查意见单

（监理[ ]图核 号）

合同名称： 合同编号：

施工图纸名称		图号	
预核意见	监理工程师：（签名） 日 期： 年 月 日		
核查意见	监 理 机 构：（全称及盖章） 总监理工程师：（签名） 日 期： 年 月 日		

JL30 施工设计图纸签发表

（监理[ ]图发 号）

合同名称： 合同编号：

致：（承包人）

本批签发图纸____张，文字报告和说明____张，见下表。

序号	施工设计图纸名称	文图号	发送份数	备注
1				
2				
3				

监 理 机 构：（全称及盖章）

总监理工程师：（签名）

日 期： 年 月 日

今已收到监理签发图纸____张，文字报告和说明____张。

承 包 人：（全称及盖章）

签 收 人：（签名）

日 期： 年 月 日

JL31 工程项目划分报审表

（监理[ ]项分 号）

合同名称： 合同编号：

致：（发包人）

根据工程设计图纸和________________规定，经与相关单位研究，建议该工程项目划分为______个单位工程，______个分部工程，______个单元工程，请审定。

附件：工程项目划分及编码一览表。

监 理 机 构：（全称及盖章）

总监理工程师：（签名）

日 期： 年 月 日

JL32 监理月报

（监理[ ]月报 号）

合同名称： 合同编号：

<table>
<tr><td>致：（发包人）
现呈报我方编写的________年____月监理月报，请贵方审阅。
随本监理月报一同上报以下附表：
1. 完成工程量月统计表。
2. 监理抽检情况月汇总表。
3. 工程变更月报表。
4. 其他。

监 理 机 构：（全称及盖章）
总监理工程师：（签名）
日 期： 年 月 日</td></tr>
<tr><td>今已收到________________________（监理机构全称）所报________年____月监理月报及附件共____份。

发 包 人：（全称及盖章）
签 收 人：（签名）
日 期： 年 月 日</td></tr>
</table>

JL32

监　理　月　报

________年　第________期

工 程 名 称：________________________
发　包　人：________________________
监 理 机 构：（全称及盖章）________________
总监理工程师：（签名）____________________
日　　　期：________年____月____日

JL32-1　完成工程量月统计表

（监理[　　]量统月　　号）

合同名称：　　　　　　　　　　　　　　　　　合同编号：

序号	分部工程名称	项目内容	单位	工程量	本月完成工程量	至本月已累计完成工程量

监　理　机　构：（全称及盖章）

总监理工程师：（签名）

日　　　　期：　　年　月　日

JL32-2　监理抽检情况月汇总表

（监理[　　]抽检月　　号）

合同名称：　　　　　　　　　　　　　　　　　合同编号：

序号	单元工程名称	单元工程编码	抽检日期	抽检内容及方法	抽检结果	抽检人
监理机构	（全称及盖章）	总监理工程师	（签名）	日期	年　月　日	

JL32-3　工程变更月报表

（监理[　　]变更月　　号）

合同名称：　　　　　　　　　　　　　　　　　　合同编号：

序号	变更工程名称(编号)	变更文件文号、图号	工程变更主要内容	备注
1				
2				
3				
4				
5				
6				
7				
8				
9				

监理机构	（全称及盖章）	总监理工程师	（签名）	日期	年　月　日

JL33　监理抽检取样样品月登记

（监理[　　]样品　　号）

合同名称：　　　　　　　　　　　　　　　　　　合同编号：

样品编号	来源	地点	部位	说明	容器编号	取样日期	在何处试验	评论

备注：

填表人		填表日期	年　月　日

JL34 监理抽检试验登记表

（监理[ ]试记 号）

合同名称： 合同编号：

序号	试验名称	试验完成日期	试验记录编号	试验单位	接收人	遗漏的试验项目名称	采取的措施
备注：							
填表人				填表日期	年 月 日		

JL35 旁站监理值班记录

（监理[ ]旁站 号）

合同名称： 合同编号：

日期		工程部位		桩号及高程	
班次		天气		温度	
人员情况：1. 现场施工负责人 单位 姓名 职务 2. 工人总数 技术人员总数					
主要机械使用情况					
主要材料进场与使用情况					
完成主要工程量					
承包人提出的问题					
对承包人下达的指令和答复					

JL36 监理巡视记录

（监理[　　]巡视　　号）

合同名称：　　　　　　　　　　　　　　　　　　合同编号：

巡视范围	
巡视情况	
发现问题及处理意见	
巡视人：（签名） 日　期：　　年　月　日	

JL37 监理协调会签名单

（监理[　　]内签　号）

合同名称：　　　　　　　　　　　　　　　　　　合同编号：

会议内容			
会议主持人			
会议日期		会议地点	
出席单位	主要出席人员（职务）		出席人数
业主单位			
设计单位			
承包人			
监理机构			
其他单位			

JL38

监　理　日　志

（[　　] 监理日志　　号）

工 程 名 称：________________
合 同 编 码：________________
发　包　人：________________
承　包　人：________________
监 理 机 构：（全称及盖章）________
总监理工程师：（签名）________

监理日志

填写人：__________ 日期：______年____月____日

天气	白天		夜晚	
施工部位 施工内容 施工形象				
施工质量检验、 安全作业情况				
施工作业中 存在的问题及 处理情况				
承包人的管理人员 及主要技术人员 到位情况				
施工机械投入 运行和设备 完好情况				
其他				

JL39　监理发文登记表

（监理[　　]监发　　号）

合同名称：　　　　　　　　　　　　　　　　　　　　　　合同编号：

序号	文件名称	文号	发文时间	签发人	收文时间	签收人
1						
2						
3						
4						
5						
6						
7						
8						
9						
10						
填报人	（签名）		填报日期		年　月　日	

JL40　监理收文登记表

（监理[　　]监收　　号）

合同名称：　　　　　　　　　　　　　　　　　　　　　　合同编号：

序号	发文件单位	文件名称	文号	发文时间	收文时间	文件处理责任人	处理记录		
							文号	回文时间	处理内容
1									
2									
3									
4									
5									
6									
7									
8									
9									
10									
填报人	（签名）			填报日期		年　月　日			

JL41 会议纪要

（监理[　　]纪要　　号）

合同名称：　　　　　　　　　　　　　　　　　　　　合同编号：

<table>
<tr><td>会议名称</td><td colspan="3"></td></tr>
<tr><td>会议时间</td><td></td><td>会议地点</td><td></td></tr>
<tr><td>会议主要议题</td><td colspan="3"></td></tr>
<tr><td>组织单位</td><td></td><td>主持人</td><td></td></tr>
<tr><td>参加单位</td><td colspan="3">1.
2.
3.</td></tr>
<tr><td rowspan="4">主要参加人
（签名）</td><td></td><td></td><td></td></tr>
<tr><td></td><td></td><td></td></tr>
<tr><td></td><td></td><td></td></tr>
<tr><td></td><td></td><td></td></tr>
<tr><td>会议主要内容
及结论</td><td colspan="3">监　理　机　构：（全称及盖章）
总监理工程师：（签名）
日　　　　　期：　　年　月　日</td></tr>
</table>

JL42 监理机构联系单

（监理[　　]联系　　号）

合同名称：　　　　　　　　　　　　　　　　　　　　合同编号：

<table>
<tr><td>致：

事由：

附件：

监　理　机　构：（全称及盖章）
总监理工程师：（签名）
日　　　　　期：　　年　月　日</td></tr>
<tr><td>联系单位签收人：（签名）
日　　　　　期：　　年　月　日</td></tr>
</table>

JL43　监理机构备忘录

（监理[　　]备忘　　号）

合同名称：　　　　　　　　　　　　　　　　　　　　合同编号：

致：
事由：   附件：   监　理　机　构：（全称及盖章） 总监理工程师：（签名） 日　　　　期：　　年　月　日

JL44　设计图纸交底会议纪要

（监理[　　]纪要　　号）

合同名称：　　　　　　　　　　　　　　　　　　　　合同编号：

出席单位	出席会议人员名单
业主单位	
设计单位	
承包人	
监理单位	
交底会议日期	

JL45 工程主材供应签证单

（监理[ ]签证 号）

合同名称： 合同编号：

序号	材料名称	规格	单位	申报数量	使用工程部位或工程名称	设计工程量或材料用量	消耗额定或消耗率（%）	监理确认供应数量	说明

监理机构： 签 证 人： 日期： 年 月 日

申报单位： 申报日期： 日期： 年 月 日

JL46 部分工程变更通知单

（监理[ ]变 号）

合同名称： 合同编号：

致：（承包人） 根据工程承建合同文件第____条合同工程变更的规定，决定对__________工程项目予以部分工程变更，请据以执行。 签 署 人： 监理人： 签署日期： 年 月 日	
变更理由	
原设计要求	
变更性质	□增减合同工程量 □省略工程 □工程性质、质量或类型有限度的更改 □更改部分工程的尺寸或位置 □进行工程完工需要的附加工作 □改动部分工程施工程序和进度 □
变更内容	
变更技术要求	
变更工程量	
支付方式	□不予另行支付 □按合同单价和价格支付 □另行协商报价 □由承包人于变更执行 □日前提出报价单报审
附件	

JL47　分部分项工程开工许可证

（监理[　　]许可证　　号）

合同名称：　　　　　　　　　　　　　　　　　　　合同编号：

<table>
<tr><td colspan="4">致：（承包人）
贵部____年__月__日报送的分部分项工程开工申请（申请单号：No. ____）已经通过审议。贵部可从即日起，适时安排开工。施工过程中，请加强现场调度和质量管理，注意安全生产，严格按章作业，文明施工，做到以工程质量求施工进度，确保工程的顺利进展。

签 署 人：
监理机构：
签署日期：　　年　月　日</td></tr>
<tr><td>批准开工项目或编码</td><td></td><td>计划施工时段</td><td>年　月　日至
年　月　日</td></tr>
<tr><td>附注</td><td colspan="3"></td></tr>
</table>

JL48　工程返工指令

（监理[　　]返　　号）

合同名称：　　　　　　　　　　　　　　　　　　　合同编号：

<table>
<tr><td colspan="2">致：（承包人）
由于下述原因，通知你部对________工程项目按下述要求予以返工，并确保本返工工程项目工程质量达到合格标准。

签 署 人：
监理机构：
签署日期：　　年　月　日</td></tr>
<tr><td>返工原因</td><td>□施工质量经检验不合格　□未按设计文件要求施工
□由于设计文件修改　□属于工程或合同变更
□使用了不合格的材料（设备）
□</td></tr>
<tr><td>返工要求</td><td>□拆除　□更换材料　□更换设备　□修补缺陷
□另行更换合格的施工队伍施工　□由业主指定施工队伍施工
□</td></tr>
<tr><td>附注</td><td>□返工所发生的费用由承包人承担
□返工所发生的费用可另行列入支付申报
□</td></tr>
</table>

JL49　工程承包商违约通知单

（监理[　　]违　　号）

合同名称：　　　　　　　　　　　　　　　　　　　　合同编号：

<table>
<tr><td colspan="2">致：（承包人）
鉴于发生本通知单所确认的行为和事实，已构成承包人违约，贵单位将承担本通知单所指明的合同责任。
特此通知。
总监理工程师：
监理人：　　　　　　　　　　　　签 署 日 期：　　年　月　日</td></tr>
<tr><td>违约行为和事实</td><td>□转让合同行为　□采用贿赂手段损害业主利益
□违反工程承建合同条款“转包和分包”
□不承认合同　□使用不合格的材料和设备，监理工程师发出纠正指令后，28天内未能采取相应行动
□无正当理由而未能按期开工
□</td></tr>
<tr><td>承包人将承担的合同责任</td><td>□业主单位将另行更换工程项目的施工队伍
□业主单位将从贵部履约保函中指出或从下月应付款中扣抵违约金人民币__________万元
□业主单位还将另行提出合同索赔__________万元
□终止合同并对已完合同工程进行估价
□</td></tr>
<tr><td>承包人签收记录</td><td>本签收人代表承包人签收，并即时转达承包人法人代表。
签收单位：　　　　　签收人：
签收日期：　　　　年　月　日</td></tr>
</table>

JL50　业主单位索赔签证单

（监理[　　]索　号）

合同名称：　　　　　　　　　　　　　　　　　　　　合同编号：

<table>
<tr><td colspan="5">致：（承包人）
监理人已受理本单所列索赔申请，经监理人与业主单位和承包人协商，核定应由承包人赔偿业主单位人民币__________万元，列入本期支付。
监理总工程师：
监理人：　　　　　　　　　　　　签 署 日 期：　　年　月　日</td></tr>
<tr><td>序号</td><td>索赔申报表号</td><td>索赔理由及引用合同条款</td><td>申报金额（万元）</td><td>合适索赔金额（万元）</td></tr>
<tr><td>1</td><td></td><td></td><td></td><td></td></tr>
<tr><td>2</td><td></td><td></td><td></td><td></td></tr>
<tr><td>3</td><td></td><td></td><td></td><td></td></tr>
<tr><td>4</td><td></td><td></td><td></td><td></td></tr>
<tr><td>5</td><td></td><td></td><td></td><td></td></tr>
<tr><td></td><td></td><td></td><td></td><td></td></tr>
<tr><td></td><td></td><td></td><td></td><td></td></tr>
<tr><td colspan="3">以上__项索赔金额合计 Σ</td><td></td><td></td></tr>
<tr><td>附注</td><td colspan="4"></td></tr>
</table>

JL51　额外或紧急工程通知

（监理[　　]通知　　号）

合同名称：　　　　　　　　　　　　　　　　　　　　　　合同编号：

<table>
<tr><td>致＿＿＿＿＿＿＿＿＿＿＿
　　兹委托你公司进行下列不包括在合同内的额外或紧急工程，变更指令另行签发。

　　工程详细内容：

　　计价及付款方式：

　　　　　　　　　　　　　　　　　　　　监理人　　年　月　日</td></tr>
<tr><td>承包人签收：

　　　　　　　　　　　　　　　　　　　　承包人　　年　月　日</td></tr>
</table>

JL52　不合格工程通知

（监理[　　]通知　　号）

合同名称：　　　　　　　　　　　　　　　　　　　　　　合同编号：

<table>
<tr><td>致＿＿＿＿＿＿＿＿＿＿
　　现通知你，经实验/检验表明＿＿＿＿＿＿＿＿＿＿＿＿＿＿＿＿＿＿＿＿＿＿＿＿不符合合同技术规范要求，根据规范规定，这些要求为＿＿＿＿＿＿＿＿＿＿＿＿＿＿＿＿＿＿＿＿＿＿＿＿＿＿＿＿＿＿
＿＿
＿＿
＿＿＿＿＿＿＿＿＿＿＿＿＿＿＿＿＿＿＿＿＿＿＿＿＿＿＿＿＿＿＿＿＿＿＿＿＿，故要求对该工程□拆除/□更换/□修补/□返工，费用由承包人自理。

　　贵方还应负责确定采取何种必要的措施，并确定你是否希望中断工程，直到监理工程师调查确认或否定此不合格工程。
　　　　　　　　　　　　　　　　　　　　现场监理工程师　　　　　　年　月　日</td></tr>
<tr><td>　　第＿＿＿＿＿＿号不合格工程通知于＿＿年＿月＿日收到，我方将根据该通知监理工程师的意见进行改正。

　　　　　　　　　　　　　　　　　　　　承包人　　年　月　日</td></tr>
</table>

JL53 竣工证书

（监理[ ]竣 号）

合同名称： 合同编号：

<table>
<tr><td>致＿＿＿＿＿＿＿
　　兹证明＿＿＿＿＿＿＿＿＿＿＿＿＿＿＿＿号竣工报验单所报＿＿＿＿＿＿＿＿＿工程，已按合同和监理工程师的指示（该报验单中注明的工程缺陷和未完工除外）完成，因此从＿＿＿＿＿年＿＿月＿＿日开始，该工程进入保修责任阶段。

备注：＿＿。

监理人　　　　　年　月　日</td></tr>
<tr><td>监理工程师意见：</td></tr>
<tr><td>注：本证书适用于部分（如果合同有规定）和全部工程的竣工，监理工程师批准竣工之日就是“缺陷责任期”的起算期。</td></tr>
</table>

JL54 延长工期审批表

（监理[ ]审 号）

合同名称： 合同编号：

<table>
<tr><td>致：（承包人）
　　根据合同条款＿＿＿＿＿条的规定，对贵方提出的＿＿＿＿＿＿＿＿＿＿＿＿工程，由于＿＿＿＿＿＿＿＿＿＿原因，要求延长工期＿＿日历天的要求，经过核算，不同意延长工期/同意工期延长＿＿＿日历天，使竣工日期（包括已指令延长的工期）从原来的＿＿年＿＿月＿＿日延长到＿＿年＿＿月＿＿日。请执行。

　　监理工程师　　　日期　　　总监理工程师　　　日期

　　附件：延长工期计算书

　　监理工程师简要说明：</td></tr>
</table>

JL55 工程计量证书

（监理[　　]计量　　号）

合同名称：　　　　　　　　　　　　　　　　　　　　合同编号：

根据承包人______第____号工程计量清单，业主经现场核验和计量确认，特发此证明以资办理工程费用支付手续。工程数量及工程计量核验清单见以下表格及说明。

监理工程师：(签字)　　　　　　　　日期：

本次批准的工程及核验说明：

本证书批准的工程计量表

分部分项工程编号	分部分项工程名称	计量单位	核准计量数量	说明

计量人：

审核人：　　　　　　总监理工程师：(签字)　　　　　　日期：

JL56 进度完成情况统计年报

（监理[　　]年报　　号）

合同名称：　　　　　　　　　　　　　　　　　　　　合同编号：

序号	工程项目或费用名称	单位	合同			自开工至上年末累计完成		本年完成						备注
								承包人填报		监理工程师审核		业主审定		
			工程量	单价（元）	投资（元）	工程量	投资（元）	工程量	投资（元）	工程量	投资（元）	工程量	投资（元）	
1	2	3	4	5	6	7	8	9	10	11	12	13	14	15

承包人：　　　　负责人：　　　　填报人：　　　　监理人：（签章）

JL57 主要指标完成情况汇总表

（监理[　　]汇总　　号）

合同名称：　　　　　　　　　　　　　　　　　　　　合同编号：

序号	工程项目	单位	合同量	开工上年末累计完成	年初至上月末累计完成	本月完成			备注
						承包人填报	监理工程师审核	业主核定	
1	2	3	4	5	6	7	8	9	10

承包人：　　　　负责人：　　　　填报人：　　　　监理人：（签章）

JL58　混凝土拌和配料报告表

（监理[　　]报告　　号）

合同名称：　　　　　　　　　　　　　　　　合同编号：

分项工程				浇筑部位						
混凝土标号				水灰比			拌和量(m^3)			
项目	水（kg）	水泥（kg）	粉煤灰（kg）	外加剂	砂（kg）	石子（kg）				备注
						5～20 mm	20～40 mm	40～80 mm	80～150 mm	
预定拌和用量										
超逊径校正用量										
表面含水率（%）										
表面含水量（kg）										
校正后拌和用量										

校核人：　　　　　　填表人：　　　　　　年　月　日

JL59 验收记录

（监理[ ]记录 号）

合同名称： 合同编号：

序号	验收项目名称	时间	监理验收人员	验收结果
备注：				
填表人		填表日期	年 月 日	

JL60 建筑材料质量检验合格证

（监理[ ]检 号）

合同名称： 合同编号：

申报使用工程项目及部位				工程项目施工时段		
材料	序号	规格型号	入库数量	生产厂家	出厂日期/入库日期	材料检验单
钢筋	1					
	2					
	3					
	4					
水泥	1					
	2					
	3					
外加剂	1					
	2					
	3					
止水材料	1					
	2					
	3					
	4					
	5					
承包人 报送记录	所报送批号材料经质量检查与检测试验全部合格。 报送单位： 日 期： 年 月 日			监理机构认证意见	工程监理人： 认证人： 日期： 年 月 日	

JL61　施工场地移交证书

（监理[　　]移交　　号）

合同名称：　　　　　　　　　　　　　　　　　　　　合同编号：

施工场地名称：	
施工合同编号：	
场地接受编号：	
场地移交日期：	
场地使用期限：	
场地面积：	
场地高程：	
场地控制点坐标：(详见附图)	
业主意见：	
承包商意见：	
存在问题及处理意见：	
监理工程师代表签名：	日期：
业主代表签名：	日期：
承包商代表签名：	日期：

JL62　质量缺陷记录表

（监理[　　]记录　　号）

合同名称：　　　　　　　　　　　　　　　　　　　　合同编号：

工程名称			工程部位		
质量缺陷部位		发现质量缺陷日期		质量缺陷发现人	
缺陷简要描述： （如有照片或其他资料附后）　签字：　日期：					
缺陷原因分析： 签字：　日期：					
缺陷处理情况（方法、材料、工艺）： 签字：　日期：					
缺陷处置检查结果： 签字：　日期：					
备注：					

JL63　隐蔽工程检查验收表

（监理[　　]验收　　号）

合同名称：　　　　　　　　　　　　　　　　　　　　　　　合同编号：

施工图号		工程项目编码	
单位工程名称		单元工程量	
分部工程名称		施工单位	
单元工程名称、部位		检查日期	
隐蔽工程检查内容			
检查情况记录			
检查验收意见	施工单位： 年　月　日	地质单位： 年　月　日	
	设计单位： 年　月　日	现场监理： 年　月　日	
	业主单位： 年　月　日	质监单位： 年　月　日	

JL64　测量基准点移交清单

（监理[　　]清单　　号）

合同名称：　　　　　　　　　　　　　　　　　　　　　　　合同编号：

点号	基准点 类型、等级	坐标		高程	备注
		X	Y		
说明：					

提供人（监理工程师代表）＿＿＿＿＿＿＿＿　接收人（承包商代表）＿＿＿＿＿＿＿＿

日　　　　期＿＿＿＿＿＿＿＿　日　　　　期＿＿＿＿＿＿＿＿

JL65 明挖边坡清理、喷混凝土、挂钢筋网记录

（监理[ ]记录 号）

项目名称 部位 日期 岩石表面清理

桩号		高程		清理情况		清理方式		挂网要求		备注
起始	终止	顶部	底部	满足	不满足	气	水	有	无	

喷混凝土

桩号		高程		面积（m^2）	施喷方法		时间		备注
起始	终止	顶部	底部		干	湿	超始	终止	

挂钢筋网

桩号		高程		开式		面积（m^2）	草图
起始	终止	顶部	底部	直径（mm）	间距（mm）		

说明与草图：

承包商代表＿＿＿＿＿＿ 监理工程师代表＿＿＿＿＿＿

日 期＿＿＿＿＿＿ 日 期＿＿＿＿＿＿

JL66 设备进场检验表

（监理[ ]检验 号）

合同名称： 合同编号：

序号	设备名称	型号及规格		制造厂名	出厂日期	购置日期	已使用台时	已使用台时	到场日期	检验情况	标志号码
		标书规定型号	实际型号								

JL67　设备使用情况登记表

（监理[　　]表　　号）

合同名称：　　　　　　　　　　　　　　　　　合同编号：

序号	标志号码	名称	型号规格	日期（日、班）	使用部位	状态描述			说明
						工作（h）	检修（h）	闲置（h）	

JL68　计日工现场记录表

（监理[　　]记录　　号）

合同名称：　　　　　　　　　　　　　　　　　合同编号：

工作描述			日期		班次
发生依据					
人力资源投入	级别	人数	工作小时数	停工时间	备注
机械设备投入	名称型号	数量	工作小时数	待命时间	备注
物资材料投入	种类	数量	单位	发标号	备注
其他					

签认：现场监理工程师代表＿＿＿＿＿＿＿　　　现场承包商代表＿＿＿＿＿＿＿

日　　　　期＿＿＿＿＿＿＿　　　　　　　　　日　　　　期＿＿＿＿＿＿＿

JL69 合同外项目实施情况监理登记表

（监理[ ]记录 号）

合同名称： 合同编号：

日期	班次	工作内容	作业区域		作业人数	投入设备				完成的工作量	对正常工作的影响			备注
			桩号	高程		名称	型号	数量	工时		设备方	作业面、空间	施工交流	

JL70 混凝土工程施工缺陷及处理登记表

（监理[ ]记录 号）

合同名称： 合同编号：

序号	缺陷位置		缺陷情况描述				处理情况描述				处理后检查			备注
	桩号	部位	发现日期	类型	程度	发生原因	处理时间	方法	材料	工艺	日期	质量评价	签名	

JL71　变更令工程量及费用明细表

（监理[　　]表　　号）

合同名称：　　　　　　　　　　　　　　　　合同编号：

序号	对应 BOQ 项	工作描述	单位	工程量	单价	总价	备注
总计：							

JL72　工程计日工项目

（监理[　　]表　　号）

合同名称：　　　　　　　　　　　　　　　　合同编号：

序号	项目名	参考文(指令)号	支付金额(元)			备注
			以前累计	当月累计	累计至今	

JL73　工程变更项目登记表

（监理[　　]表　　号）

合同名称：　　　　　　　　　　　　　　　　合同编号：

变更令号	变更项名	变更令价（元）	工程量				单价（元）	支付金额(元)		
			单位	以前累计	当月累计	累计至今		以前累计	当月累计	累计至今

JL74 地下工程现场监理记录

（监理[ ]记录 号）

工程名称 日期 年 月 日 星期 天气 气温

施工情况	工作面阶段	桩号范围	工作内容	开挖进尺（m）		开挖方量（m^3）		支护			材料消耗		
				班进尺	累计	班方量	累计	锚杆（m）	挂网（m^2）	喷混凝土	名称	单位	数量

资源投入								施工综合评价	
	人员出勤	部位	出勤人数	工作时间	用餐时间	待工时间	有效工作时间		完成情况
	主要设备	部位	设备名称型号	台数	完好情况	运行时间	故障维修时间		机械利用
									施工组织
									施工安全

施工草图		围岩地质、地下水概述		大事记	
				交班说明	

值班人 接班人 时间 页

JL75　地面工程现场监理记录

（监理[　　]记录　　号）

工程名称　　　　　　　　　　混凝土温度　　　班次

日　　期　　年　月　日　时　分　星期　天气　　　气温

	工作面、阶段	工程部位		工作内容	混凝土量		混凝土级别	浇筑时间	
		桩号范围	高程范围		设计量（m）	浇筑量（m^3）		开始	结束
施工情况									

		部位	出勤人数	工作时间	用餐时间	待工时间	有效工作时间	施工综合评价	完成情况	
资源投入	人员出勤									
									人员出勤	
		部位	设备名称型号	台数	完好情况	运行时间	故障维修时间		机械利用	
	主要设备									
									施工组织	
									施工安全	

施工草图		大事记	

值班人　　　　　　　　　　接班人　　　　　　　　　　页

参考文献

[1] 韦志立. 建设监理概论[M]. 北京:中国水利水电出版社,1996.
[2] 李新军. 建设项目合同管理[M]. 北京:中国水利水电出版社,1996.
[3] 陈光健. 中国建设项目管理实用大全[M]. 北京:经济管理出版社,1993.
[4] 何柏森. 工程招标承包与监理[M]. 北京:人民出版社,1993.
[5] 何柏森. 国际工程招标与投标[M]. 北京:中国水利水电出版社,1994.
[6] 简玉强,钱昆润. 建设监理工程师手册[M]. 北京:中国建筑工业出版社,1994.
[7] 交通部工程建设监理总站. 工程费用监理[M]. 北京:人民交通出版社,1993.
[8] 董利川. 建设项目质量控制[M]. 北京:中国水利水电出版社,1994.
[9] 李存斌,祁宁春. 工程建设信息管理[M]. 北京:中国水利水电出版社,1993.
[10] 成虎,钱昆润. 建设工程合同管理与索赔[M]. 南京:东南大学出版社,1993.
[11] 李新军. 建设监理概论[M]. 北京:中国水利水电出版社,1998.
[12] 杨浦生,许春云. 监理细则实例[M]. 北京:中国水利水电出版社,1998.
[13] 小浪底工程咨询有限公司. 小浪底工程监理与咨询服务管理手册[M]. 郑州:黄河水利出版社,1999.
[14] 国际咨询工程师联合会. 土木工程施工合同条件应用指南[M]. 北京:航空工业出版社,1991.
[15] 国际咨询工程师联合会. 业主咨询工程师标准服务协议书[M]. 北京:航空工业出版社,1991.
[16] 中华人民共和国水利部. SL 176—2007 水利水电工程施工质量检验与评定规程[S]. 北京:中国水利水电出版社, 1996.
[17] 中华人民共和国国家发展和改革委员会. DL/T 5113. 1—2005 水电水利基本建设工程单元工程质量等级评定标准第1部分:土建工程[S]. 北京:中国电力出版社,2005.
[18] 中华人民共和国水利部. SL 288—2003 水利工程建设项目施工监理规范[S]. 北京:中国水利水电出版社,2003.
[19] 中华人民共和国国家经济贸易委员会. DL 5162—2002 水电水利工程施工安全防护设施技术规范[S]. 北京:中国电力出版社,2002.